海河
“23·7”流域性特大洪水
调查分析

水利部海河水利委员会　编著

中国水利水电出版社
www.waterpub.com.cn
·北京·

内 容 提 要

本书全面系统介绍了海河“23·7”流域性特大洪水过程；详细分析了暴雨洪水成因、暴雨洪水过程与特征、洪水组成与重现期，以及新技术应用实践情况；分析了防洪工程体系和非工程措施发挥的效用等。本书资料翔实，内容全面，分析方法科学，具有较高的实用性。

本书可供水文气象、防洪减灾和区域社会经济等领域的技术人员和管理人员参考，也可供大专院校和科研院所相关专业人员研究使用。

责任编辑　王若明

图书在版编目（CIP）数据

海河“23·7”流域性特大洪水调查分析 / 水利部海河水利委员会编著. -- 北京 : 中国水利水电出版社, 2024.2

ISBN 978-7-5226-2120-3

Ⅰ. ①海… Ⅱ. ①水… Ⅲ. ①防洪－研究－海河 Ⅳ. ①TV877

中国国家版本馆CIP数据核字(2024)第041158号

审图号：GS京（2024）0404号

书　名	**海河“23·7”流域性特大洪水调查分析** HAI HE “23·7” LIUYUXING TEDA HONGSHUI DIAOCHA FENXI
作　者	水利部海河水利委员会　编著
出版发行	中国水利水电出版社 （北京市海淀区玉渊潭南路1号D座　100038） 网址：www.waterpub.com.cn E-mail：sales@mwr.gov.cn 电话：(010) 68545888（营销中心）
经　售	北京科水图书销售有限公司 电话：(010) 68545874、63202643 全国各地新华书店和相关出版物销售网点
排　版	中国水利水电出版社微机排版中心
印　刷	北京印匠彩色印刷有限公司
规　格	184mm×260mm　16开本　9印张　219千字
版　次	2024年2月第1版　2024年2月第1次印刷
定　价	**168.00**元

《海河“23·7”流域性特大洪水调查分析》

编　委　会

《海河“23·7”流域性特大洪水调查分析》
编 写 人 员

主　　　　编： 乔建华

副　　主　　编： 韩瑞光　杨建青　杨学军　王　哲　杨　邦

主要编写人员： 于　洋　魏　琳　安会静　赵　悦　朱静思
杨　敏　李春丽　范　辉　陈　旭　陈利者
刘鑫杨　周　波　厉治平　侯昊华　陈　磊
王　蒙　陈德清　崔　倩　赵小伟　王亦尘
王亚娟　杜龙刚　刘军梅　刘文邦　崔希东
张　强　王　勇　陈晓虎　王成建　骆广涛
任印国　杨丰源　武光明　王择明　南　天

参加编写人员： 杨　鹏　柳华武　韩朝光　周　涛　杨井泉
任　彤　王旭东　吴昱樨　齐天龙　张治倩
王　丹　姚　璐　李有存　李　宇　赵伟东
马金一　刘玉晶　徐　嘉　宋爱楠　马若燕
殷　宏　王　燕　李婧媛　秦道清　郭雪娇
范士盼　毛　艳　刘　涵　侯文硕　仇大鹏
张　森　赵恩灵　李家旗　张建超　周晓翠
屈海晨　胡艳阳　于菲菲　汤欣钢　鲁冠华
刘　鹏　阴　悦　王材源　季明锋　冯　峰
乔　荣　张　文　刘圆圆　韩晓彤　程　俊
刘　剑　尚俊莲　何　军　杨展飞

序

近年来，受全球气候变化影响，我国极端天气事件呈多发频发态势，极端性、突发性、破坏性水旱灾害威胁加剧，流域性大洪水、特大洪水时有发生。2023年汛期，受第5号台风“杜苏芮”残余环流北上、地形抬升和副热带高压的共同影响，海河流域出现强降水过程，累计面平均降水量155.3mm，造成流域内22条河流发生超警以上洪水，8条河流发生有实测资料以来最大洪水。大清河、永定河发生特大洪水，子牙河发生大洪水，海河流域发生自1963年以来的流域性特大洪水。这次特大洪水具有多河系并发，洪水涨势猛、产汇流快，洪水量级大、峰值高等特点，雨情水情汛情属历史罕见。

水文监测预警是洪水防御战场上的“尖兵”“耳目”，水文信息是防洪调度和指挥决策的重要依据。在防御海河“23·7”流域性特大洪水过程中可以看到，流域广大水文职工忠于职守、舍生忘死、无私奉献，及时加密监测频次，强化应急监测，滚动预报预警，全力做好水文监测和预报预警工作，为打赢这场硬仗提供了重要支撑。

水利部海河水利委员会及流域各地坚持以流域为单元，及时启动水文应急联动机制，持续强化预报、预警、预演、预案“四预”措施，逐河、逐库、逐站开展精细化滚动预报，在大清河、永定河构建了二维水力学模型，利用卫星遥感技术和数字孪生技术实现模拟预演，及时发布洪水预报预警，为科学精准调度决策和洪水防范应对赢得时间。流域各级水文部门全面动员，全力以赴，增设应急监测断面，强化蓄滞洪区分洪流量、河道重要断面流量等关键节点水文监测，利用测流无人机等先进仪器设备，抢测完整洪水过程，有效应对超标准洪水，确保“测得到、测得准、报得出”，第一时间将预报成果上报洪水防御机构，有力支撑了洪水防御决策，最大限度减少了流域灾害损失，为成功防御海河“23·7”流域性特大洪水作出了重大贡献。

暴雨洪水调查分析工作意义重大，1963年、1996年海河暴雨洪水分析对海河流域防灾减灾工作均起到了重要作用。海河“23·7”流域性特大洪水是海河流域1963年以来发生的最大洪水，全面、客观地描述其暴雨洪水过程，对暴雨洪水的成因、发展、量级等作出科学评价，为今后海河流域的水利规划、工程建设、防洪减灾提供科学依据，既具有重要的现实作用，又具有深远的历史意义。

海河“23·7”流域性特大洪水发生后，在水利部水文司精心指导下，水利部海河水利委员会立即组织流域相关省（直辖市）水文部门做好暴雨洪水调查分析工作，采用传统水文调查方法与水文时空模拟分析技术相结合，及时开展了艰苦细致的野外调查和分析计算，先后投入近600人次，行程近4万km，耗时30余d，累计调查复核雨量站2919处、水文站58处、相关水文监测断面449处，以实事求是、科学负责的态度，进行了全面系统的分析总结。这些暴雨洪水调查分析成果将成为宝贵的资料文献。

本书在大量调查和实测资料的基础上，系统阐述了海河“23·7”流域性特大洪水的暴雨时空分布、路径及成因，全面分析了洪水过程、洪水总量及洪水重现期，深入总结了暴雨洪水的特性，并与历史洪水进行分析比较，分析了地下水变化和水工程调度过程与成效，总结了防洪“四预”措施应用和水文测验工作，提出了有参考价值的经验启示。相信本书的出版对今后流域治理管理、防洪减灾与风险调控，以及推进流域水利高质量发展工作，具有重要的参考价值和指导意义。

张建云

水利部应对气候变化研究中心主任

中国工程院院士、英国皇家工程院院士

2023年12月

前言

海河流域属于温带半湿润、半干旱大陆性季风气候区，降水、蒸发、径流等水文要素时空分布不均，人类活动对流域水循环影响显著，水旱灾害是区域经济社会发展的一个重要制约因素。2023 年汛期，受台风“杜苏芮”残余环流携丰沛水汽北上与冷空气共同影响，海河流域出现 1963 年以来的最强降水过程，引发海河“23·7”流域性特大洪水。

为了全面、客观、系统地分析海河“23·7”流域性特大洪水特性及防洪工程所发挥的作用，为防汛抗洪、水利规划、工程设计和运用管理等提供宝贵资料，水利部印发《关于抓紧开展海河“23·7”流域性特大洪水调查和水文资料整编工作的通知》（办水文函〔2023〕778 号），水利部水文司组织部署暴雨洪水调查和资料整编分析工作。2023 年 8 月，水利部海河水利委员会编制了《海河“23·7”流域性特大洪水暴雨洪水调查分析工作大纲》，明确了大清河、永定河、子牙河等河系暴雨洪水调查分析水文站名录、技术方法和主要内容。2023 年 9 月，北京、天津、河北、山西和河南 5 省（直辖市）相继启动开展暴雨洪水调查分析工作。水利部海河水利委员会水文局会同相关省（直辖市）水文部门开展了野外调查、资料收集和整理分析工作，邀请 20 余位相关领域专家就关键技术和工作实施方案等开展了 12 次技术咨询和审查，确保调查成果的科学性、合理性。

2023 年 10 月，在相关省（直辖市）暴雨洪水调查分析报告基础上，水利部海河水利委员会汇总编制了《海河“23·7”

流域性特大洪水调查分析》；11月，进一步修改完善形成咨询稿并征求意见；12月，在北京组织召开了《海河“23·7”流域性特大洪水调查分析》评审会。经多次修改完善，水利部海河水利委员会最终完成了本书的编写。

本书内容主要包括流域概况、暴雨调查分析、洪水调查分析、防洪工程运用及成效、水文测验、防洪“四预”措施和结语等7章。全书通过大量翔实的水文实测和调查资料，系统论述了暴雨的时空分布、成因特点、洪水过程及特性等，全面分析了洪水组成、洪水量级，专题研究了防洪工程的运用等，突出了暴雨洪水调查分析的专业性、技术性，系统、客观反映了海河“23·7”流域性特大洪水全貌。

本书的编撰工作得到了水利部领导及水利部水文司、信息中心的精心指导，以及北京市、天津市、河北省、山西省、河南省水利（务）厅（局）和天津市气象局的大力支持，多位专家学者为本书的编撰提供了很好的修改建议，在此一并表示衷心感谢。

由于水平有限，加之时间仓促，书中不足之处在所难免，殷切希望得到读者批评指正。

编者

2023年12月

目录

第 1 章

流域概况

海河流域是我国七大流域之一，降水量年内分配非常集中，强降水造成洪水多发，具有洪峰高、洪量集中、年际变化大、突发性强的特点。本章主要介绍了海河流域概况，包括自然地理、河流水系、暴雨洪水特性和典型历史洪水等。

1.1　自然地理

海河流域位于东经 112°～120°、北纬 35°～43°，西以山西高原与黄河流域接界，北以内蒙古高原与内陆河流域接界，南界黄河，东临渤海。流域地跨北京、天津、河北、山西、河南、山东、内蒙古和辽宁等 8 个省（自治区、直辖市），面积 32.06 万 km^2，占全国总面积的 3.3%。流域海岸线长 920km。

海河流域总的地势是西北高、东南低。流域西部、北部为山地和高原，西有太行山，北有燕山，海拔高度约 1000m，最高的五台山达 3061m，山地和高原面积 18.96 万 km^2，占海河流域面积的 59%；流域东部和东南部为广阔平原，平原面积 13.10 万 km^2，占海河流域面积的 41%。

流域内太行山、燕山等山脉环抱平原，形成一道高耸的屏障。山地与平原近于直接交接，丘陵过渡区较短。流域山区分布有张（家口）宣（化）、蔚（县）阳（原）、涿（鹿）怀（来）、大同、天（镇）阳（高）、延庆、遵化、忻（州）定（襄）、长治等盆地。

平原地势自北、西、西南三个方向向渤海湾倾斜，其坡降由山前平原的 1‰～2‰，渐变为东部平原的 0.1‰～0.3‰。受黄河历次改道和海河各支流冲积影响，平原内微地形复杂。

1.2　河流水系

海河流域包括滦河、海河和徒骇马颊河三个水系。滦河水系包括滦河及冀东沿海诸河；海河水系包括北三河（蓟运河、潮白河、北运河）、永定河、大清河、子牙河、黑龙港及运东地区（南排河、北排河）、漳卫河等河系；徒骇马颊河水系包括徒骇河、马颊河和德惠新河等平原河流。

（1）滦河水系。

1）滦河上源称闪电河，发源于河北省丰宁满族自治县西北大滩镇，流经内蒙古，又折回河北，经承德到潘家口穿过长城至滦县进入冀东平原，由乐亭县南入海。滦河主要支流有小滦河、兴州河、伊逊河、武烈河、老牛河、青龙河等。

2）冀东沿海诸河在流域东北部冀东沿海一带，有若干条单独入海的河流，主要有陡河、沙河、洋河、石河等。

（2）海河水系。历史上，海河水系是一个扇形水系，集中于天津市海河干流入海。20 世纪 60—70 年代，为了增加下游河道泄洪入海能力，先后开挖和疏浚了潮白新河、独流减河、子牙新河、漳卫新河和永定新河，使各河系单独入海，改变了过去各河集中于天津入海的局面。海河干流起自天津市子北汇流口（子牙河与北运河汇流口），经天津市区东流至塘沽海河闸入海，全长 73km，截至 2023 年年底，只承泄大清河、永定河等部分洪水，并承担天津市中心城区的排涝任务。

1）蓟运河、潮白河、北运河统称为北三河。蓟运河主要支流有泃河、州河和还乡河，分别发源于燕山南麓河北省兴隆县、遵化市和迁西县境内。潮白河上游有潮河、白河两支流，分别发源于河北省丰宁满族自治县和沽源县，在北京市密云区汇合后称潮白河，至怀柔纳怀河后流入平原，下游河道经北京市苏庄至河北省香河吴村闸。吴村闸以下称潮白新河，至天津市宁车沽汇入永定新河入海。北运河发源于北京市昌平区燕山南麓，通州北关闸以上称温榆河，北关闸以下称北运河，沿途纳凉水河、凤港减河等平原河道，于屈家店枢纽与永定河交汇，至天津市子北汇流口与子牙河汇合入海河干流。

2）永定河上游有桑干河、洋河两大支流。桑干河发源于山西高原北部宁武县管涔山，洋河发源于内蒙古高原南缘，两河于河北省怀来县朱官屯汇合称永定河，在官厅附近纳妫水河，经官厅山峡于三家店进入平原。三家店以下两岸均靠堤防约束，卢沟桥至梁各庄段为地上河，梁各庄以下进入永定河泛区。泛区下口屈家店以下为永定新河，在大张庄以下纳龙凤河、金钟河、潮白新河和蓟运河，于北塘入海。

3）大清河源于太行山东侧，分南、北两支。南支为赵王河水系，包括潴龙河（支流有磁河、沙河）、瀑河、漕河、府河、唐河等，均汇入白洋淀。北支为白沟河水系，主要支流有小清河、琉璃河、拒马河、易水等。拒马河在张坊以下分为南、北拒马河，北拒马河至东茨村附近纳琉璃河、小清河后称白沟河，至白沟镇与南拒马河汇合后称大清河。南支洪水由白洋淀经赵王新河入东淀，北支洪水由新盖房分洪道入东淀。东淀以下洪水分别经独流减河和海河干流入海。河系中下游地势相对低洼，形成了小清河分洪区，以及兰沟洼、白洋淀、东淀、文安洼、贾口洼、团泊洼等蓄滞洪区。

4）子牙河有滹沱河、滏阳河两大支流。滹沱河发源于山西省五台山北麓，流经忻定盆地，至东冶镇以下穿行于峡谷之中，至河北省岗南附近出山峡，纳冶河经黄壁庄后入平原，至草芦进入滹滏三角地带的献县泛区。滏阳河发源于太行山南段东侧河北省磁县，支流众多，主要有洺河、南沣河、泜河、槐河等，艾辛庄以下为滏阳新河，在献县枢纽与滹沱河相汇后始称子牙河。滏阳河沿河有永年洼、大陆泽、宁晋泊等蓄滞洪区。子牙河经天津市西河闸于子北汇流口入海河干流后入海。1967 年从献县起辟子牙新河东行至马棚口入海。

5）黑龙港及运东地区的河流主要有南排河和北排河。南排河上游接纳老漳河—滏东排河、索芦河—老盐河、老沙河—清凉江及江江河等支流，于赵家堡入海。北排河自滏东排河下口冯庄闸始，于兴济穿南运河至歧口闸入海，主要支流有黑龙港西支、中支、东支和本支等。此外，运东地区有宣惠河、大浪淀排水渠、沧浪渠、黄浪渠等。

6）漳卫河上游有漳河和卫河两大支流。漳河支流有清漳河和浊漳河，均发源于太行山的背风区，清漳河、浊漳河于合漳村汇成漳河，经岳城出太行山，讲武城以下两岸有堤防约束。大名泛区为漳河的蓄滞洪区。卫河发源于太行山南麓，由 10 余条支流汇成，较大的有淇河、汤河、安阳河等。1958 年为引黄淤灌而修建的共产主义渠，1962 年停止引黄后用于行洪。卫河两侧良相坡、白寺坡、柳围坡、长虹渠、小滩坡、任固坡、共产主义渠以西地区，以及卫河支流上的广润坡、崔家桥等坡洼为蓄滞洪区。漳河、卫河两河于徐万仓汇合后称卫运河，至四女寺枢纽，四女寺枢纽以下为漳卫新河和南运河。恩县洼为卫运河的蓄滞洪区。

（3）徒骇马颊河水系。徒骇河、马颊河位于黄河与卫运河及漳卫新河之间，由西南向东北流入海，为平原防洪排涝河道。徒骇河发源于河南省清丰县，于山东省沾化区暴风站入海。马颊河发源于河南省濮阳县金堤闸，于山东省无棣县入海。马颊河与徒骇河之间开挖了一条德惠新河，德惠新河于无棣县下泊头村东 12km 处与马颊河汇合，两河共用一个河口入海。此外，区内沿海一带还有若干条独流入海的小河。

海河流域主要河流河长及流域面积见表 1.1。

表 1.1　海河流域主要河流河长及流域面积

水系	河系	河流名称	起　点	终　点	河长/km	流域面积/km^2
滦河		滦河	丰宁满族自治县大滩镇	乐亭县南兜网铺	888	45872
		冀东沿海诸河			—	9650
		小计			—	55522
海河	北三河	潮白河	丰宁满族自治县和沽源县	宁车沽防潮闸	467	19327
		北运河	昌平区燕山南麓	子北汇流口	238	6051
		蓟运河	兴隆县、遵化市和迁西县	蓟运河防潮闸	316	11827
		小计			—	37205
	永定河	洋河	内蒙古高原南缘	朱官屯	278	16440
		桑干河	宁武县管涔山	朱官屯	437	26248
		永定河	朱官屯	北塘	369	3544[①]
		小计			—	46232
	大清河	北支	涞源县涞山	新盖房枢纽	303	12918
		南支	灵丘县太白山	枣林庄枢纽	336	27308
		大清河	新盖房、枣林庄	独流减河防潮闸	215	2746[①]
		小计			—	42972

续表

水系	河系	河流名称	起　点	终　点	河长 /km	流域面积 /km^2
海河	子牙河	滹沱河	五台山北麓	献县枢纽	605	31696②
		滏阳河	磁县西北釜山	献县枢纽	413	14632
		子牙新河	献县枢纽	马棚口	143	0①
		小计			—	46328
	黑龙港及运东地区（南排河、北排河）	南排河	乔官屯	赵家堡	99	13730
		北排河	冯庄闸	歧口闸	162	1328
		其余河道			—	7386
		小计			—	22444
	漳卫河	漳河	沁县漳源村	徐万仓	466	18284
		卫河	陵川县夺火镇南岭	徐万仓	388	16578
		卫运河	徐万仓	四女寺枢纽	157	413①
		漳卫新河	四女寺枢纽	大口河	257	2668
		南运河	四女寺枢纽	十一堡	309	0①
		小计			—	37943
	海河干流	海河干流	子北汇流口	海河防潮闸	73	2066
徒骇马颊河		马颊河	濮阳县金堤闸	无棣县埕口	428	8338
		德惠新河	平原县王凤楼	无棣县下泊头	173	3252
		徒骇河	清丰县	沾化区暴风站	417	13884
		滨海小河			—	4460
		小计			—	29934
流域合计						320646

① 表示区间汇流面积。

② 表示含滹滏区间面积 $6643km^2$。

1.3 暴雨洪水特性

海河流域地处温带半湿润、半干旱大陆性季风气候区，是我国各大流域中降水量较少的地区。根据第三次全国水资源调查评价成果，海河流域多年平均（1956—2016年系列）降水量527mm。受气候、地形等因素的影响，流域降水分布存在明显的地带性差异，总的趋势是由多雨的太行山、燕山山前迎风区分别向西北和东南两侧减少。

海河流域降水年内分配非常集中。汛期（6—9月）降水量占全年的75%～85%，全年降水量常取决于一场或几场暴雨。暴雨主要发生在 7 月和 8 月，尤其是 7 月下旬至 8 月上旬最多。同时海河流域也是我国暴雨年际变化最大的地区之一，以年最大 24h 暴雨为例，其变差系数（C_v）达到 0.6～0.8。单站年最大 24h 暴雨量系列中，最大年与最小年的比值达 8.6～22.4。

海河流域降水空间分布差异较大。沿燕山、太行山迎风坡存在一条 24h 降水量大于 100mm 的弧形多雨带，它是流域的大暴雨区，也是全国的大暴雨区之一，其中分布着多个降水量大于 120～140mm 的暴雨中心，自东北向西南分别为遵化、良乡、司仓、狮子坪、獐狘、土圈等。据点雨量记录统计，流域 7d 最大降水记录为我国大陆之最。1963 年 8 月海河特大暴雨，河北省内丘县獐狘 7d 降水量 2050mm，为我国大陆已有记录的最高值。由燕山、太行山迎风坡多雨带向西北（背风山区）、东南（平原区）降水量都明显减少，平原区 24h 一般是 80～90mm；徒骇马颊河水系较大，可达 100mm；冀中地区较小，在 80mm 以下。背风山区 24h 一般是 55～80mm，桑干河、洋河盆地较小，在 55mm 以下。

海河流域洪水具有洪峰高、洪水总量集中、年际变化大、突发性强的特点。多条河流的历史洪水，洪峰模数达到或接近世界纪录，如子牙河系滹沱河支流冶河孟贤壁站集水面积 6400km^2，1569 年发生了洪峰流量为 24800m^3/s 的洪水。洪水洪量集中，最大 30d 洪量一般占汛期洪水总量的 60%～90%。洪水年际变化大，洪峰流量的变差系数一般约为 1.0，大清河、子牙河等暴雨中心的变差系数可达 1.5～2.0。流域山地与平原间过渡带短，河流源短流急，洪水流速大，传播时间短，从山区降水到河流出山口出现洪水，最长不过 1～2d，最短仅几小时。

海河流域洪水空间分布受地形影响明显。太行山、燕山迎风坡为暴雨集中地带，且地形陡峻，土层覆盖薄，发源于迎风坡的卫河、滏阳河、大清河等河流的众多支流极易发生大洪水；发源于背风坡的滦河、潮白河等河流的支流出现大暴雨概率低，较少发生大洪水。

1.4　典型历史洪水

海河流域是我国洪涝灾害最严重的地区之一，大洪水发生的时间大多集中在 7 月下旬至 8 月上旬。20 世纪以来发生了 1917 年、1939 年、1956 年、1962 年、1963 年及 1996 年等 6 次典型洪水，近年发生了 2012 年大清河北支、2016 年海河南系较大洪水以及 2021 年漳卫河罕见夏秋连汛。

1.4.1　1956 年 8 月洪水

1956 年 8 月洪水范围较大，主要发生在海河南系的子牙河及漳卫河。滹沱河黄壁庄站洪峰流量为 13100m^3/s，漳河观台站洪峰流量为 9200m^3/s，海河水系最大 30d 洪水总量达 200.7 亿 m^3。洪水造成堤防溃决，淹地 6030 万亩[1]，受灾人口 1500 万人。

1.4.2 1963 年 8 月洪水

1963 年 8 月洪水主要发生在大清河、子牙河及漳卫河。大清河新镇站最大 3d 洪量、6d 洪量均接近于 100 年一遇，15d 洪量相当于 50 年一遇，30d 洪量为 30～50 年一遇；子牙河献县站最大 30d 洪量超过 300 年一遇。8 月洪水总量 301.29 亿 m^3，洪水淹没农田 6146 万亩，倒塌房屋 1450 余万间，冲毁铁路 75km，直接损失估计达 60 余亿元（当年价，下同）。

1.4.3 1996 年 8 月洪水

1996 年 8 月上旬，海河南系太行山迎风坡子牙河和漳卫河普降暴雨，洪水来势迅猛，但历时较短。8 月洪水总量 101.69 亿 m^3。子牙河、漳卫河部分干支流决口，造成经济损失 402 亿元。东淀、宁晋泊、大陆泽、献县泛区、良相坡、长虹渠、共渠西、崔家桥等 8 个蓄滞洪区启用。

1.4.4 2016 年 7 月洪水

2016 年 7 月，海河流域南系发生较大洪水，其中漳卫河系、子牙河系发生了 1996 年以来的最大洪水，部分中小河流发生超历史或超保证洪水，洪峰高、洪量大、涨势猛，4 个蓄滞洪区相继启用。洪水总量 76 亿 m^3。全流域共有 256 个县（市）、2059 个乡（镇）遭受不同程度的洪涝灾害。

1.4.5 2021 年夏秋连汛洪水

2021 年，海河流域发生历史罕见夏秋连汛洪水，漳卫河系出现 1963 年以来最严重汛情，洪水总量 67 亿 m^3，15 条河流水位超保证或超警戒水位，8 个蓄滞洪区相继启用，转移 64 余万人。卫河及大沙河、共产主义渠、淇河、安阳河发生超保证水位（流量）洪水，共渠合河、卫河淇门等站水位超有实测记录以来最高值。海河流域 2021 年洪涝灾害造成水利设施直接经济损失约 125.98 亿元。

---

[1] 1 亩≈666.67m^2。

第 2 章

暴雨调查分析

2023 年 7 月 28 日至 8 月 1 日，海河流域出现一轮历史罕见的极端暴雨过程（以下简称“海河‘23 · 7’暴雨”）[1]。海河“23 · 7”暴雨是在大气环流、地形抬升等各种条件共同作用下形成的，具有持续时间长、时空集中、范围广、总量大、强度大的特点。本章内容依据《水文调查规范》（SL 196—2015），通过资料收集、实地测量、仪器检验和资料整编等多种手段，重点针对暴雨强度、暴雨中心位置和暴雨极值开展调查分析。结合当时天气系统、台风路径等情况，调查分析了本次暴雨过程的起止时间、强度和时程分配，暴雨中心、路径、笼罩面积和重现期等。

[1] 本书中“56 · 8”“63 · 8”“96 · 8”“16 · 7”“21 · 7”暴雨、洪水均指相应年月发生的暴雨、洪水。

2.1　暴雨调查

海河“23・7”暴雨调查共调查、复核了 2919 处雨量站点，覆盖北三河、永定河、大清河、子牙河和漳卫河等 5 个河系。北京市、天津市、河北省和山西省共投入水文调查人员 260 余人次，行程近 2 万 km，历时 20 余 d 完成。2919 处雨量站点调查数据与暴雨中心分布特点基本一致，调查结果真实可靠。

2.1.1　调查站点分布

根据调查，海河“23・7”流域性特大洪水（以下简称“海河‘23・7’洪水”）发生区域共有雨量站点 4099 处，其中北三河系 499 处、永定河系 855 处、大清河系 703 处、子牙河系 1129 处、漳卫南运河系 913 处。为进一步提高降水分析准确度，针对大清河、子牙河和永定河等河系的暴雨中心区域，选取了 2919 处雨量站开展暴雨调查和复核工作，覆盖水文、气象、地勘、水利工程管理等部门和单位。

暴雨洪水调查和复核站点分布见图 2.1。

2.1.2　调查方法及范围

依据《水文调查规范》（SL 196—2015），在北三河、永定河、大清河、子牙河和漳卫河系，采用以下四种方法进行暴雨调查。

（1）资料对比分析。资料对比分析主要用于调查在北三河、永定河、大清河、子牙河和漳卫河暴雨中心的雨量站。收集水文、气象、地勘和水利工程管理等单位的实测降水量资料，对相邻站点的暴雨数据进行相互验证。

（2）实地走访调查。实地走访调查主要用于调查永定河、大清河和子牙河暴雨中心区域雨量值。实地采访暴雨中心区域当地居民，查看暴雨发生时的承雨器具，了解估算承雨器具在暴雨期间是否置于露天空旷、不受地形地物影响的地方，准确量算承雨器具内水体体积和承雨器口面积等。

（3）恢复受损 RTU[1] 数据。恢复受损 RTU 数据主要用于调查在永定河、大清河和子牙河系受暴雨洪水损毁的雨量站。针对受通信信号影响未及时上报采集数据的测站，特别是位于蓄滞洪区或者受灾严重区域，搜寻受损雨量站的 RTU，通过恢复 RTU 内已采集而未发出的数据，弥补缺失的雨量数据。

（4）复核暴雨极值。复核暴雨极值主要用于调查暴雨极值点的雨量站。针对本次流域暴雨极值点，通过走访村民、查勘承雨器具，并与周边站点数据对照分析等工

[1] RTU 为远程终端单元（Remote Terminal Unit）的英文缩写。

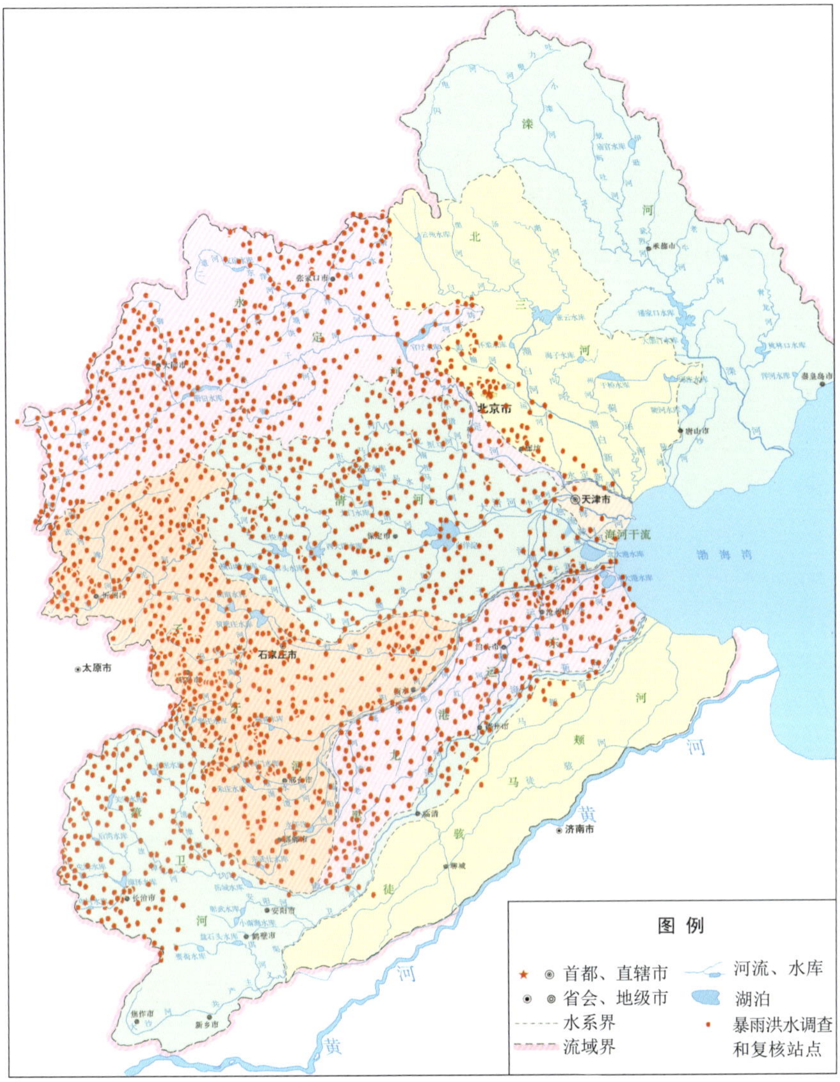

图 2.1 暴雨洪水调查和复核站点分布

作，进行极值数据调查复核。

2.1.3 调查过程及成果

（1）调查过程。暴雨发生后，北京市、天津市、河北省、山西省和河南省立即启动暴雨洪水调查工作，编制调查工作方案，成立调查组赴暴雨发生地进行实地调查复核。

2023 年 8 月，为进一步确定暴雨的量级、范围，水利部海河水利委员会（以下简称“海委”）再次组织北京市、天津市、河北省、山西省和河南省开展现场勘查、资料分析、走访群众等工作，共投入 260 余人次，历时 20 余 d 完成。收集分析了水文、气象等单位的 2775 处雨量站点资料，实地走访了永定河、大清河和子牙河系暴雨中心区域十几位村民，现场恢复了受灾严重区域 144 处雨量站受损 RTU 数据 113134 条，分析复核了暴雨中心极值数据，完成了 2919 处雨量站资料整编工作。

1）实地走访调查。暴雨发生后，调查组立即赴暴雨发生地进行实地走访，共走访了永定河、大清河和子牙河系暴雨中心区域十几位村民。通过村民对暴雨发生时的回忆描述，复核暴雨中心雨量站实测资料，认为暴雨量级基本一致。实地走访调查现场情况见图 2.2、图 2.3。

图 2.2 走访永定河系沿河城站

图 2.3 走访居民及电站工作人员

2）恢复雨量站数据。北京市昌平区、门头沟区和房山区，河北省邢台市信都区、内丘县、临城县，河北省邯郸市武安市，河北省保定市涞水县、涞源县、易县、阜平县、曲阳县、唐县、满城区、徐水区和顺平县等地区受灾严重。山洪灾害引发断水断电、道路塌陷和通信中断，位于上述区域的 144 处雨量站点发生数据中断，其中北三河系2处、永定河系19处、大清河系103处、子牙河系20处，站点名录见表2.1，站点分布见图2.4。大清河系南辛房雨量站、漫水河水文站水毁情况见图2.5、图2.6。通过搜寻和数据恢复，累计导出降水数据共113134条。

表2.1　暴雨调查受灾修复雨量站点名录

序　号	河　系	站点名称	站点位置（行政区域）
1	永定河	斋堂水库	北京市门头沟区
2	永定河	燕家台	北京市门头沟区
3	永定河	雁翅	北京市门头沟区
4	永定河	沿河城	北京市门头沟区
5	永定河	上苇甸	北京市门头沟区
6	永定河	清水	北京市门头沟区
7	永定河	青白口	北京市门头沟区
8	大清河	南辛房	北京市门头沟区
9	永定河	军响	北京市门头沟区
10	永定河	黄塔	北京市门头沟区
11	永定河	洪水峪	北京市门头沟区
12	永定河	齐家庄	北京市门头沟区
13	永定河	大台	北京市门头沟区
14	永定河	大村	北京市门头沟区
15	大清河	安家庄	北京市门头沟区
16	永定河	涧沟	北京市门头沟区
17	永定河	江水河	北京市门头沟区
18	永定河	吕家村	北京市门头沟区
19	永定河	南港	北京市门头沟区
20	永定河	淤白	北京市门头沟区
21	大清河	霞云岭	北京市房山区
22	大清河	史家营	北京市房山区
23	大清河	十渡	北京市房山区
24	大清河	蒲洼	北京市房山区
25	大清河	南窖	北京市房山区

续表

序号	河系	站点名称	站点位置（行政区域）
26	大清河	漫水河	北京市房山区
27	大清河	大安山	北京市房山区
28	大清河	佛子庄	北京市房山区
29	大清河	河北	北京市房山区
30	大清河	堂上	北京市房山区
31	北运河	禾子涧	北京市昌平区
32	永定河	老峪沟	北京市昌平区
33	北运河	王家园水库	北京市昌平区
34	子牙河	桃园	河北省内丘县
35	子牙河	前南峪	河北省信都区
36	子牙河	浆水	河北省信都区
37	子牙河	蝉房	河北省信都区
38	子牙河	四里营	河北省信都区
39	子牙河	云梦山	河北省信都区
40	子牙河	招乜	河北省内丘县
41	子牙河	杏峪	河北省内丘县
42	子牙河	大恶石	河北省内丘县
43	子牙河	白鹿角	河北省内丘县
44	子牙河	岗底	河北省内丘县
45	子牙河	黄榆岭	河北省信都区
46	子牙河	大峡谷	河北省信都区
47	子牙河	北店	河北省信都区
48	子牙河	宋家庄	河北省信都区
49	北洺河	七步沟	河北省武安市
50	北洺河	后掌	河北省武安市
51	北洺河	马店头	河北省武安市
52	北洺河	郭家庄	河北省武安市
53	洺河	贺进	河北省武安市

续表

序 号	河 系	站 点 名 称	站点位置（行政区域）
54	大清河	北城司水库	河北省易县
55	大清河	蔡家峪	河北省易县
56	大清河	偏道子	河北省涞水县
57	大清河	陡岭台	河北省阜平县
58	大清河	黑崖沟	河北省阜平县
59	大清河	老路渠	河北省阜平县
60	大清河	二道庄	河北省阜平县
61	大清河	铁贯	河北省阜平县
62	大清河	青山	河北省曲阳县
63	大清河	甸塔石	河北省曲阳县
64	大清河	上阁尔	河北省曲阳县
65	大清河	太平庄	河北省曲阳县
66	大清河	大石峪	河北省唐县
67	大清河	上庄	河北省唐县
68	大清河	秀水峪	河北省唐县
69	大清河	赤水	河北省唐县
70	大清河	上庄龙锅水库	河北省唐县
71	大清河	石北	河北省唐县
72	大清河	黄石口	河北省唐县
73	大清河	司里	河北省唐县
74	大清河	全胜峡	河北省唐县
75	大清河	全胜庄	河北省唐县
76	大清河	西胜沟	河北省唐县
77	大清河	更生大园水库	河北省唐县
78	大清河	老姑	河北省唐县
79	大清河	葛庄	河北省唐县
80	大清河	柏江	河北省唐县
81	大清河	歇马	河北省唐县

续表

序　号	河　系	站 点 名 称	站点位置（行政区域）
82	大清河	蒲大石	河北省唐县
83	大清河	马庄尔	河北省唐县
84	大清河	旦里水库	河北省唐县
85	大清河	宋家峪水库	河北省唐县
86	大清河	石片	河北省涞源县
87	大清河	空中草原	河北省涞源县
88	大清河	郑漕沟	河北省涞源县
89	大清河	黑石沟	河北省涞源县
90	大清河	烧车	河北省涞源县
91	大清河	荆山口	河北省涞源县
92	大清河	西团堡	河北省涞源县
93	大清河	支家庄	河北省涞源县
94	大清河	牌坊	河北省涞源县
95	大清河	白道安	河北省涞源县
96	大清河	狼牙口	河北省涞源县
97	大清河	甘河净乡	河北省易县
98	大清河	寨头村	河北省易县
99	大清河	刘岗村	河北省易县
100	大清河	狼牙山镇政府	河北省易县
101	大清河	甘河村	河北省易县
102	大清河	冯家庄村	河北省易县
103	大清河	川角	河北省易县
104	大清河	黄路元	河北省易县
105	大清河	五间房村	河北省易县
106	大清河	南城司乡政府	河北省易县
107	大清河	大龙华乡政府	河北省易县
108	大清河	莲花池水库	河北省易县
109	大清河	柴厂	河北省易县
110	大清河	盘山庙	河北省易县

续表

序　号	河　系	站 点 名 称	站点位置（行政区域）
111	大清河	真武庙	河北省易县
112	大清河	流井乡政府	河北省易县
113	大清河	山神庙村	河北省易县
114	大清河	西清源村	河北省易县
115	大清河	九集庄	河北省涞水县
116	大清河	下港	河北省涞水县
117	大清河	苇家峪	河北省涞水县
118	大清河	安妥岭	河北省涞水县
119	大清河	南款	河北省涞水县
120	大清河	吕家铺	河北省涞水县
121	大清河	安子沟	河北省涞水县
122	大清河	岭南台	河北省涞水县
123	大清河	清泉寺	河北省涞水县
124	大清河	大泽水库	河北省涞水县
125	大清河	百草畔景区	河北省涞水县
126	大清河	北边桥	河北省涞水县
127	大清河	玉斗	河北省涞水县
128	大清河	白涧	河北省涞水县
129	大清河	上庄	河北省涞水县
130	大清河	蓬头	河北省涞水县
131	大清河	平峪	河北省涞水县
132	大清河	沙岭西	河北省涞水县
133	大清河	百里峡景区	河北省涞水县
134	大清河	民族园景区	河北省涞水县
135	大清河	金水口	河北省涞水县
136	大清河	观音堂	河北省顺平县
137	大清河	白银坨	河北省顺平县
138	大清河	车厂	河北省满城区
139	大清河	龙居	河北省满城区
140	大清河	西高士庄	河北省满城区

续表

序　号	河　系	站 点 名 称	站点位置（行政区域）
141	大清河	刘林庄	河北省徐水区
142	大清河	张庄	河北省徐水区
143	大清河	柳家沟	河北省唐县
144	大清河	夹子	河北省唐县

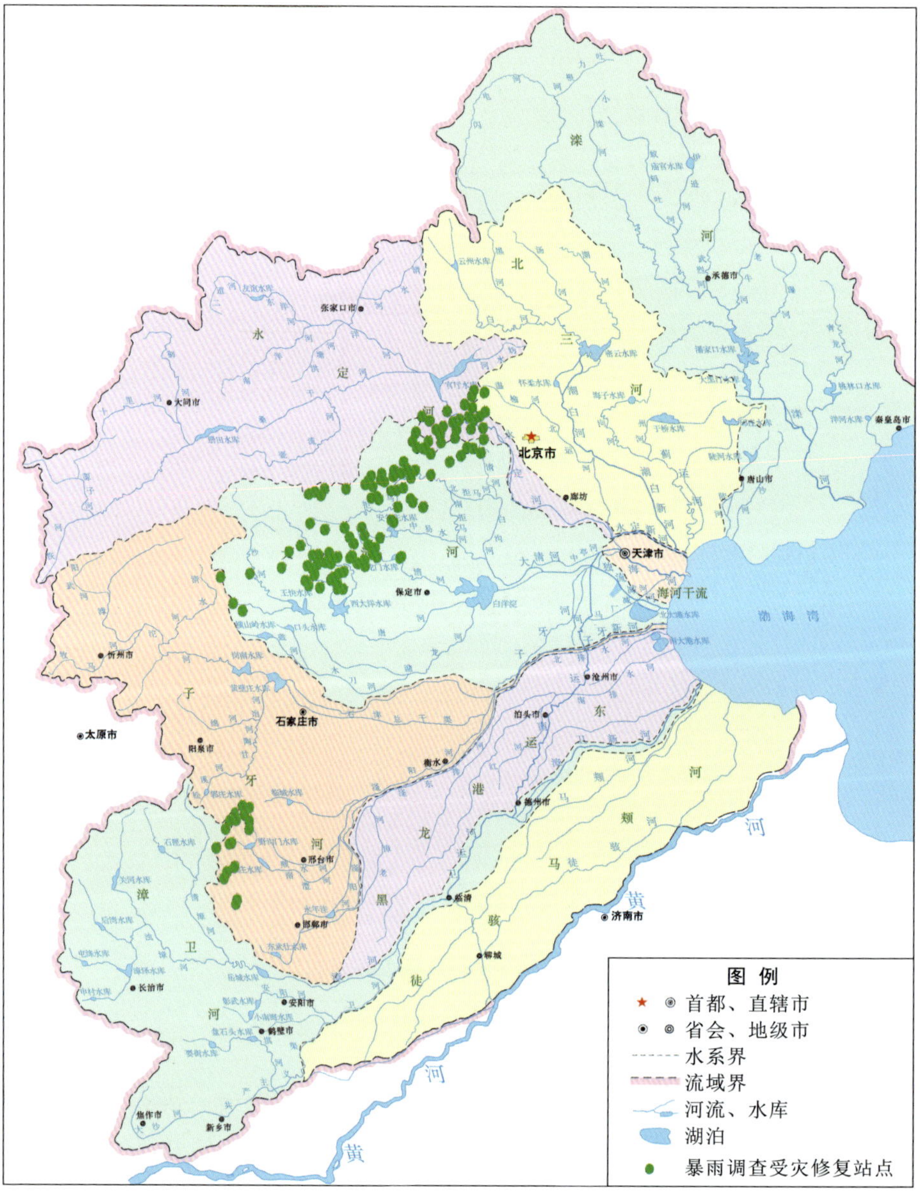

图 2.4　暴雨调查受灾修复雨量站点分布

图 2.5　大清河系南辛房雨量站水毁情况

图 2.6　大清河系漫水河水文站水毁情况

3）复核暴雨极值。结合实测雨量资料，通过调查走访复核，永定河系清水河清水站 2023 年 7 月 29 日 14 时至 8 月 1 日 21 时累计降水量 1014.5mm，确定为本次流域暴雨极值点。

清水站位于斋堂水库上游，2023 年 7 月 31 日被洪水冲毁，因此实测数据亦截至 2023 年 7 月 31 日。后续调查人员走访当地居民，发现有自然资源部门监测站点位于清水站附近。调查人员立即对观测场地、观测仪器进行实地查勘，开展清水站降水量数据插补工作，最终确定清水站累计降水量1014.5mm。清水站插补后雨量数据时段雨强分布见图2.7，走访永定河系清水村见图2.8。

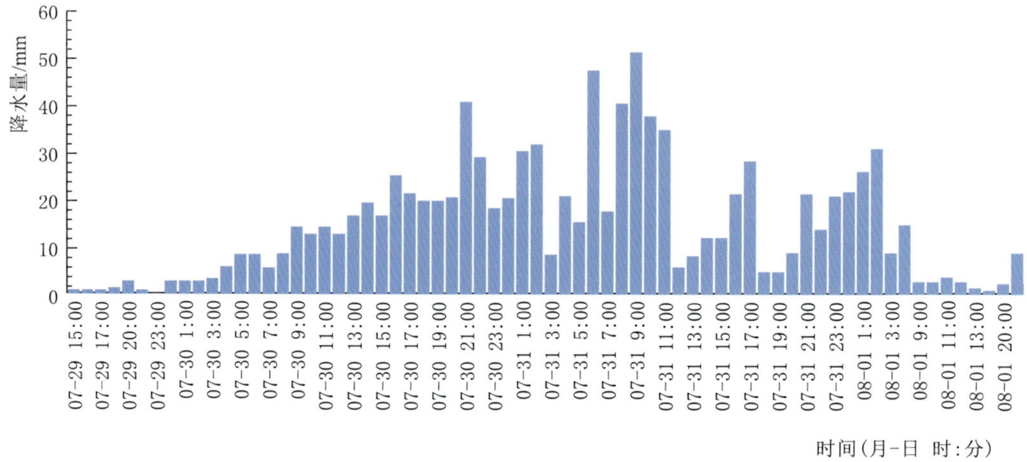

图2.7　清水站插补后雨量数据时段雨强分布

图2.8　走访永定河系清水村

（2）调查成果。暴雨调查复核了水文、气象等单位的2775处雨量站观测记录，现场走访了暴雨中心区域十几位居民，恢复调查了144处水毁雨量站，共完成2919处雨量站的资料整编。

暴雨调查复核的雨量站仪器设置标准规范，观测记录完整，上下游及周边站点监测数据合理，测验精度和数据质量较高。

暴雨调查还发现暴雨洪水发生区域雨量站网存在空间分布不均、暴雨中心站点密度不足等问题，需进一步加密站网布设。

2.2 天气系统及成因

2.2.1 气候背景

海河流域降水与海温异常、西太平洋副热带高气压带位置及东亚夏季风强度有很大的关系。海河“23·7”暴雨发生前期，受正在发展的厄尔尼诺影响，西太平洋海温明显偏高，呈上升趋势；南海夏季风于5月第3候爆发，较常年（5月第4候）爆发偏早1候，东亚夏季风整体偏弱；西太平洋副热带高气压带面积偏大、强度偏强、脊点偏西、脊线偏北。气候要素均不利于海河流域降水偏多。2023年6月1日至7月25日，海河流域干旱少雨，全流域累计面平均降水量117.9mm，较多年同期（194.2mm）偏少4成，流域局部地区出现明显干旱。随着第5号台风“杜苏芮”（以下简称“台风‘杜苏芮’”）北上，环流形势出现巨大调整，流域出现明显的“旱涝急转”。7月29日晚，海河流域东部强大的副热带高压和东移的大陆高压脊，共同在华北北部形成“高压坝”，“高压坝”迟滞台风“杜苏芮”及其残余环流北上，使其在华北到黄淮一带长时间停留，海河流域出现持续时间长、累计降水量大的降水过程。

2.2.2 大气环流

产生极端强降水的天气形势多样，大尺度环流背景场和中尺度对流触发条件是极端强降水形成的重点因素。台风登陆北上型是华北极端暴雨的典型环流型之一，台风登陆后停滞少动，使得水汽不断输送，结合特定的中纬度环流，台风外围的有利动力场和热力场、深厚的暖云层和暖湿环境条件等均是极端强降水产生的有利条件。海河“23·7”暴雨发生前，2023年夏季大气环流背景如下：

6月，北半球500hPa高度场上，欧亚中高纬环流呈现“两槽一脊”型分布。上旬乌山地区高度场偏高，东亚槽偏西，东北冷涡活跃；中旬以来东北冷涡偏弱，我国南方位势高度场偏低；菲律宾以东存在气旋式环流异常。从各环流要素具体看：东亚槽整体偏强，上旬偏西偏强，中旬转为偏东为主，强度偏弱；东亚夏季风前期偏弱为主，中旬后期转为偏强；西太平洋副热带高压偏强、偏西，上旬偏北，中旬以后偏南；印缅槽阶段性偏强。

7月，北半球500hPa高度场上，欧亚中高纬度环流呈“北低南高”型分布，贝加尔湖以北为负距平，我国大部为正高度距平控制；东北冷涡阶段性活跃，频次偏少，前期较为活跃，轨迹偏西；上旬菲律宾为反气旋环流，中旬以来为气旋性环流。西太平洋副热带高压偏强、偏西，脊线偏南为主，脊点偏西为主。

2.2.3　天气形势

海河“23・7”暴雨发生在台风“杜苏芮”残余环流北上期间，受华北高压阻挡移动停滞，台风“杜苏芮”本身携带大量水汽，位于西太平洋上的第 6 号台风“卡努”（以下简称“台风‘卡努’”）也持续远距离输送水汽的背景下，稳定的大尺度环流形势为中小尺度对流系统发生发展和反复出现提供了产生持续性强降水的有利背景场条件，“23・7”强降水过程可划分为三个主要阶段。

第一阶段为 2023 年 7 月 28 日 8 时至 31 日 2 时，此阶段为台风“杜苏芮”残余环流螺旋雨带影响阶段，对流云团主要在该低涡东侧的偏东南急流附近生成，随着低涡北上，呈现逆时针螺旋式旋转，由河南、山东移入京津冀。第二阶段为 7 月 31 日 2—22 时，主要影响系统为暖式切变线和偏东风，中尺度对流系统呈准东西向分布，自南向北移动，主要影响北京、天津北部及河北中北部，突出特点是对流性强、局地雨强大。第三阶段为 7 月 31 日 22 时至 8 月 2 日 8 时，切变线减弱，低层转受偏南或西南急流影响，中尺度对流系统表现为南北向分布特征，且先后有两波对流云团发展并逐渐向北移动，具有明显的移动性特点，造成局地性强降水，累计降水量为三个阶段最小。7 月 28 日至 8 月 1 日天气形势逐日分析如下：

7 月 28 日 8 时，台风“杜苏芮”中心位于 24.1°N、118.8°E，副热带高压位于我国东部，西边界呈南北向分布，台风“杜苏芮”位于 500hPa 副热带高压的西侧，同时在其东侧台风“卡努”逐渐生成和发展。台风“杜苏芮”于 28 日 9 时 55 分前后以强台风级别登陆福建晋江，登陆后向北偏西方向移动，28 日 20 时减弱为强热带风暴，其中心位于福建西部，在 500hPa 高度场上，内蒙古东侧存在高空槽，此时海河流域降水过程主要受高空槽和台风远距离水汽输送的影响，在流域南部漳卫河系出现了暴雨，局部大暴雨。7 月 28 日 8 时、20 时 500hPa 形势场和 850hPa 风场如图 2.9 所示。

7 月 29 日 8 时，台风残余低压进一步北上，强度减弱为热带低压，台风中心移动至江西北部，海河流域中南部降水受到台风倒槽的影响，北部降水主要受高空槽和台风远距离水汽输送的影响。29 日 20 时，副热带高压逐渐西伸，588hPa 线在海河流域北部形成“高压坝”，台风残余低压继续北上，低压中心位于河南中部，此时海河流域的中南部降水过程受到低压倒槽的影响，强度和范围不断扩大，漳卫河、子牙河系相继出现大暴雨，局部特大暴雨，部分雨量站点 24h 降水量超过 500mm。7 月 29 日 8 时、20 时 500hPa 形势场和 850hPa 风场如图 2.10 所示。

7 月 30 日 8 时，副热带高压进一步西伸，受到“高压坝”的阻挡，台风残余低

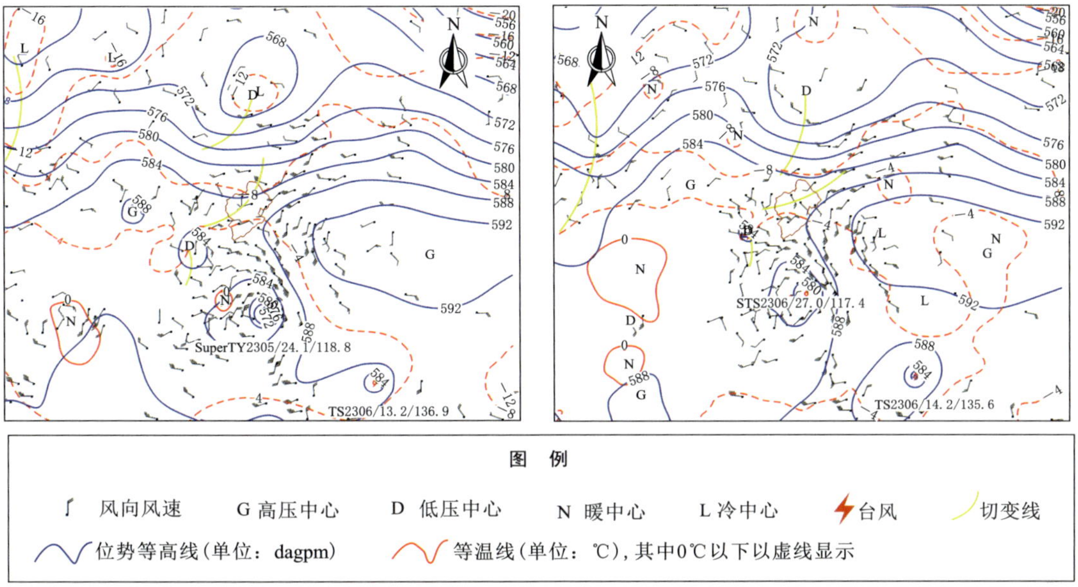

（a）7月28日8时　　（b）7月28日20时

图 2.9　7 月 28 日 8 时、20 时 500hPa 形势场和 850hPa 风场

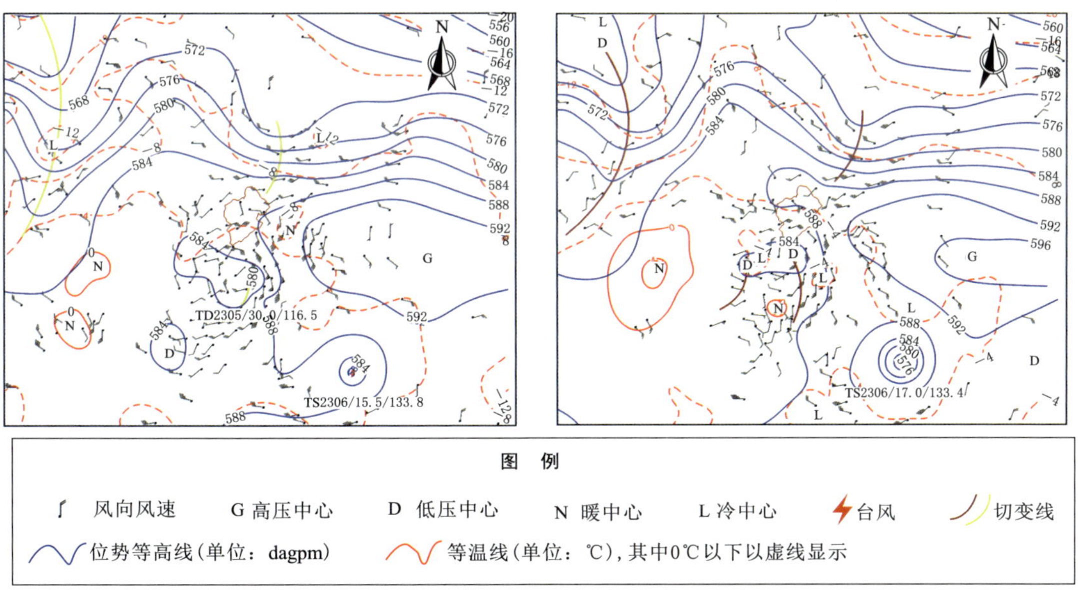

（a）7月29日8时　　（b）7月29日20时

图 2.10　7 月 29 日 8 时、20 时 500hPa 形势场和 850hPa 风场

压北上速度减慢，30 日 20 时台风残余低压中心位于河南西北部，海河流域中南部位于低压的东北侧，此时台风“卡努”位于低压东侧，受到东部副热带高压和台风“卡努”共同影响，东南气流明显加强，水汽源源不断向流域中部地区输送，而太行山山前的地形抬升作用造成辐合强度增大，导致海河流域中部地区的降水强度较大且维持时间较长，造成了流域中北部的河北保定和北京西部地区分别出现了强降水，该阶段的强降水中心位于北京。7 月 30 日 8 时、20 时 500hPa 形势场和 850hPa 风场如图 2.11 所示。

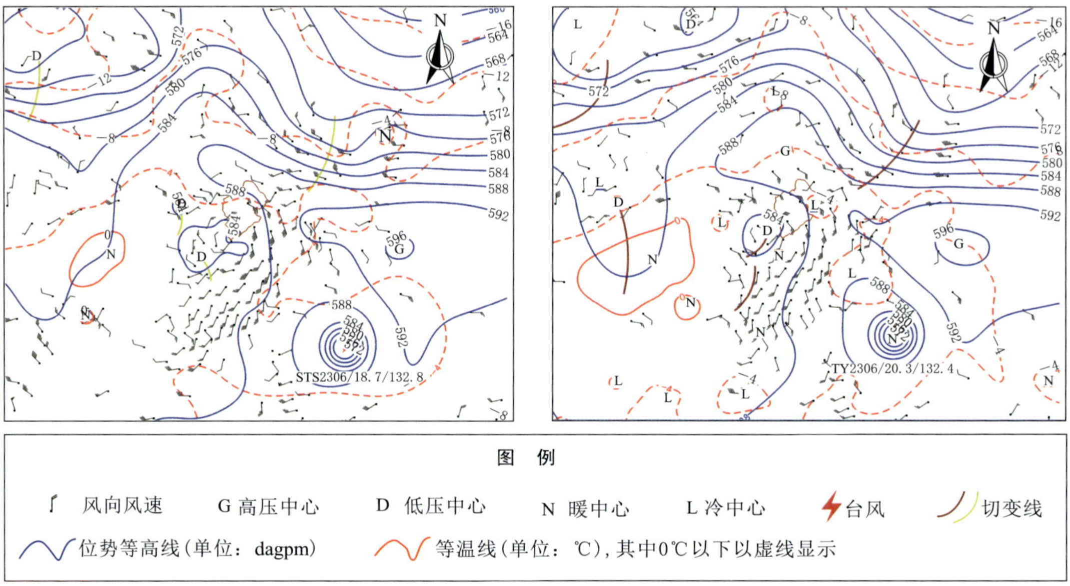

（a）7月30日8时　　（b）7月30日20时

图 2.11　7 月 30 日 8 时、20 时 500hPa 形势场和 850hPa 风场

7 月 31 日 8 时，副热带高压进一步西伸，强度增强，592hPa 线位于海河流域东北部，低压进一步向北偏西方向移动至内蒙古和陕西交界地带，海河流域持续受低压东侧偏东气流影响。31 日 20 时，副热带高压北部西脊点略有东撤、南部脊线则有一定程度西伸，588hPa 线在我国中部地区呈南北向分布，台风“卡努”向西移动，其北部偏东气流与副热带高压西部偏南气流汇合并向北输送暖湿气流，形成了“列车效应”，导致在燕山山前不断有暖区降水出现。7 月 31 日 8 时至 8 月 1 日 8 时，海河流域中北部地区降水强度仍然较大，以短时强降水为主，个别雨量站的 24h 降水量超过 250mm。7 月 31 日 8 时、20 时 500hPa 形势场和 850hPa 风场如图 2.12 所示。

8 月 1 日 8 时和 20 时，副热带高压进一步增强和西伸，降水主要是受到副热带高压边缘切变线和台风“卡努”远距离输送水汽的影响，因此 8 月 1 日在流域的北部继续出现局部暴雨。8 月 1 日 8 时、20 时 500hPa 形势场和 850hPa 风场如图 2.13 所示。

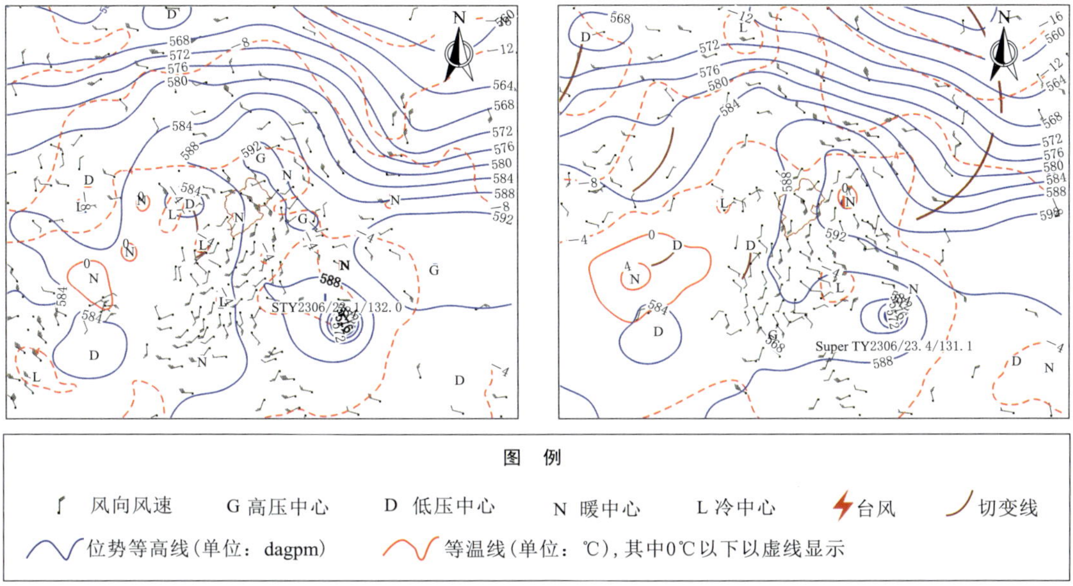

（a）7月31日8时　　（b）7月31日20时

图 2.12　7 月 31 日 8 时、20 时 500hPa 形势场和 850hPa 风场

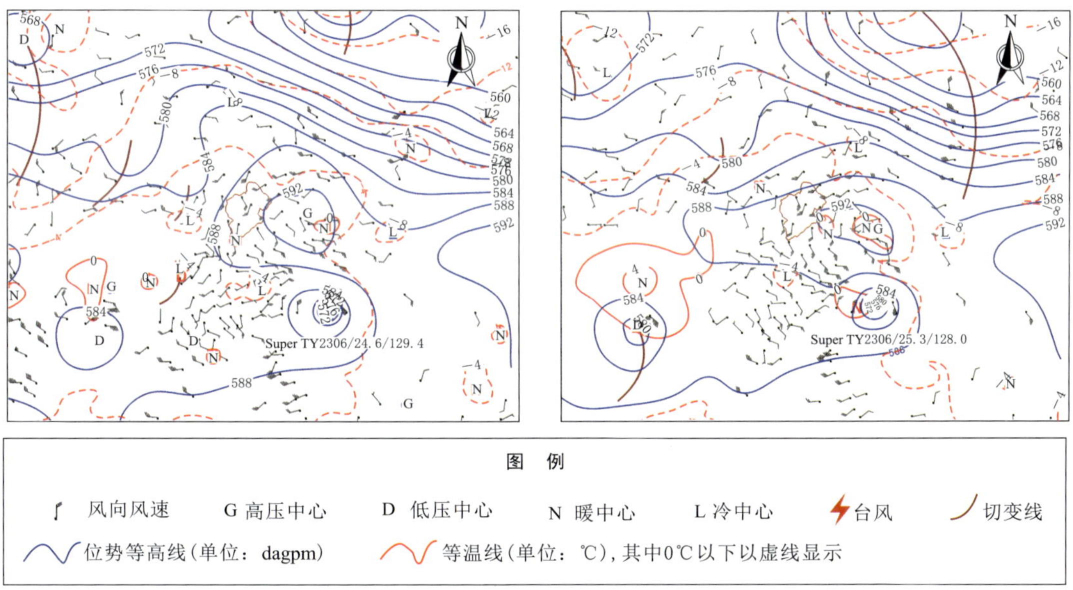

（a）8月1日8时　　（b）8月1日20时

图 2.13　8 月 1 日 8 时、20 时 500hPa 形势场和 850hPa 风场

2.2.4　暴雨成因

持续充沛的水汽输送、“高压坝”阻挡和地形抬升的共同作用是海河“23・7”暴雨的主要成因。

一是稳定的“高压坝”使得台风残余环流移速慢，降水持续时间长。台风“杜苏芮”残余环流北上过程中，流域东部强大的副热带高压和西部高压脊东移，在华北北部形成“高压坝”，“高压坝”使台风“杜苏芮”残余环流移动缓慢，在华北到黄淮一带的停留时间增长，导致过程持续时间长、累计降水量大。

二是两个台风和副热带高压的共同影响形成了较丰沛的水汽条件。台风“杜苏芮”本身携带了大量的水汽，残余的低压系统和强大的副热带高压相配合，形成较强气压梯度，引导东风、东南风显著增强，水汽一路畅通无阻向北输送。此外，位于西太平洋上的台风“卡努”也起到重要作用，较强东南风也将台风“卡努”附近的水汽源源不断地远距离输送到华北平原。两条水汽通道为暴雨的形成带来了不同寻常的水汽条件。

三是地形作用有利于降水增强。流域西边太行山脉与携带水汽的东风和东南风正向相交，其北边燕山山脉也与水汽通道存在交角，水汽受地形的阻挡抬升，在山前形成极端强降水。

2.3 暴雨过程

2.3.1 前期降水情况

海河“23·7”暴雨发生之前，仅有 3 次主要降水过程，降水明显偏少。2023 年 1 月 1 日至 7 月中旬，海河流域累计面平均降水量 165.6mm，比 2022 年同期（228.3mm）、多年同期（245.1mm）偏少 3 成左右；与 2022 年同期、多年同期相比，各河系均偏少 1～5 成，流域中、北部土壤墒情出现中、重度及以上缺墒，河北、山东、内蒙古启动了干旱防御Ⅳ级应急响应。2023 年 1 月 1 日至 7 月 20 日，海河流域降水量与 2022 年、多年同期比较见表 2.2。

表 2.2　2023 年 1 月 1 日至 7 月 20 日海河流域降水量与 2022 年、多年同期比较

河　系	面平均降水量/mm	2022 年同期		多年同期	
		降水量/mm	对比	降水量/mm	对比
滦河	120.9	202.9	−40%	254.9	−53%
北三河	149.0	216.0	−31%	259.8	−43%
永定河	119.1	138.1	−14%	199.9	−40%
大清河	168.4	246.8	−32%	239.9	−30%

续表

河　系	面平均降水量/mm	2022年同期		多年同期	
		降水量/mm	对比	降水量/mm	对比
子牙河	190.4	237.1	−20%	236.1	−19%
漳卫河	235.9	263.0	−10%	272.1	−13%
徒骇马颊河	189.7	357.4	−47%	268.1	−29%
全流域	165.6	228.3	−27%	245.1	−32%

2.3.2 暴雨时空分布

7月28日至8月1日，海河流域普降大到暴雨，局部特大暴雨，暴雨中心主要位于流域太行山、燕山山前，大清河系拒马河、子牙河系滹沱河滏阳河、永定河官厅山峡区间。流域累计面平均降水量155.3mm，其中大清河系305mm、子牙河系186mm、漳卫河系182mm、北三河系139mm、永定河系93mm、徒骇马颊河系82mm、滦河系38mm。流域累计面平均降水量100mm、200mm、300mm笼罩面积分别为16.33万km^2、8.05万km^2、3.62万km^2。单站累计降水量最大为永定河系清水河清水站（北京门头沟）1014.5mm，子牙河系泜河临城站（河北邢台）1003mm、槐河三六沟站（河北石家庄）832.5mm、宋家庄川桃园站（河北邢台）830.5mm，大清河系大石河霞云岭站（北京房山）823mm。海河流域降水量等值线分布如图2.14所示。

海河“23·7”暴雨自7月28日8时开始，至8月2日8时结束，历时5d，漳卫河、子牙河系主要集中在7月28—30日，大清河、永定河、北三河系主要集中在7月30日至8月1日。主要时空分布过程如下：

7月28日，受台风“杜苏芮”外围云系影响，流域南部普降大到暴雨，局部大暴雨，暴雨中心主要位于漳卫河系中游淇河—卫河区间。流域面平均降水量11mm，较大河系为漳卫河系32mm、徒骇马颊河系27mm、子牙河系16mm；日降水量25mm、50mm、100mm以上笼罩面积分别为5.30万km^2、1.95万km^2、0.11万km^2；日降水量最大为漳卫河系淇河口上站（河南林州）168mm。

7月29日，雨势逐渐增强并向西南部移动，流域西南部普降大到暴雨，局部特大暴雨，暴雨中心主要位于子牙河系上游滹沱河滏阳河区间。流域面平均降水量39mm，较大河系为漳卫河系83mm、子牙河系71mm、大清河系49mm；日降水量25mm、50mm、100mm、250mm以上笼罩面积分别为15.58万km^2、8.80万km^2、3.39万km^2、0.17万km^2；日降水量最大为子牙河系宋家庄川桃园站（河北内

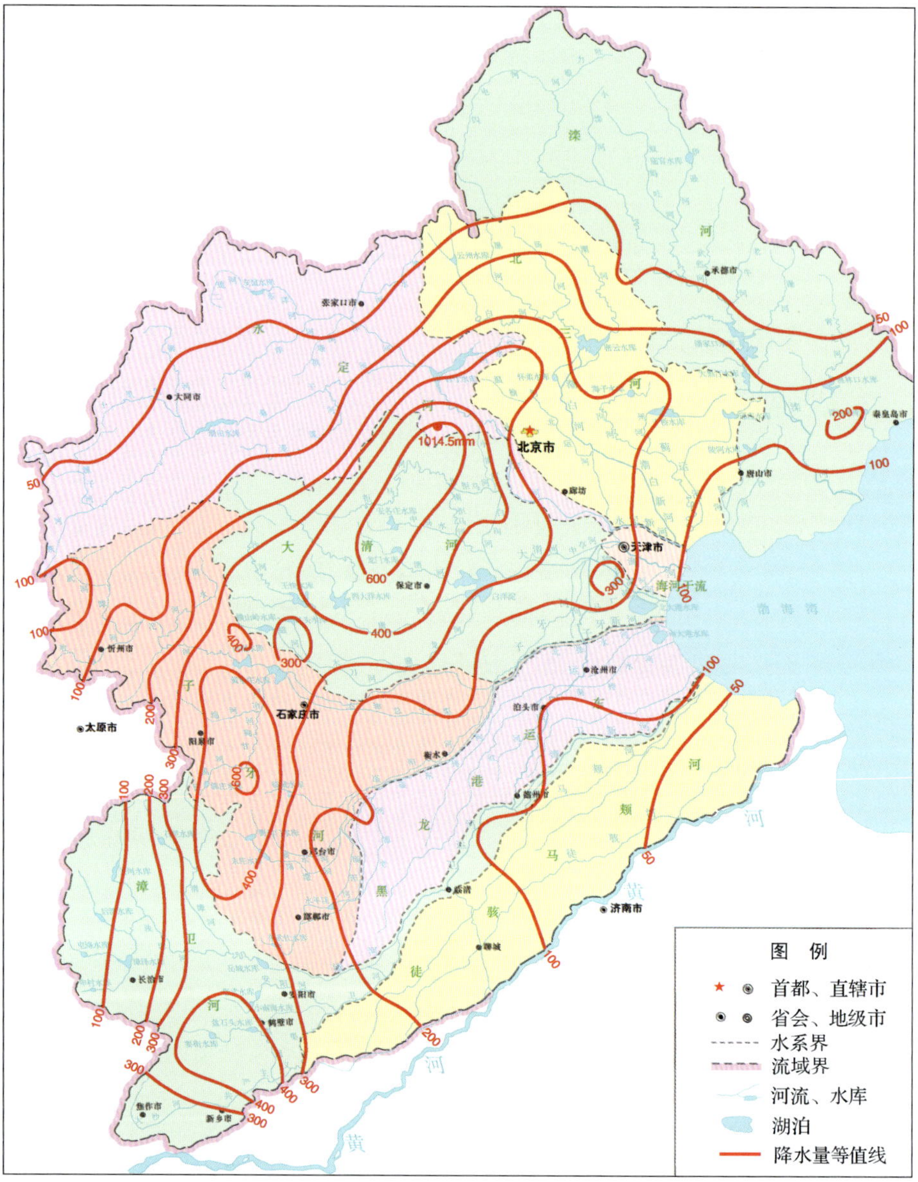

图 2.14 海河“23·7”暴雨等值线

丘）427.5mm。

7月30日，雨势进一步增强并向中东部扩大延伸，流域中、南部普降大到暴雨，局部特大暴雨，暴雨中心主要位于大清河系中上游拒马河以上区间。流域面平均降水量65mm，较大河系为大清河系171mm、子牙河系83mm、永定河系50mm、北三河系38mm；日降水量25mm、50mm、100mm、250mm以上笼罩面积分别为19.38

万 km^2、11.59 万 km^2、6.42 万 km^2、1.06 万 km^2；日降水量最大为永定河系清水河清水站（北京门头沟）533.5mm。

7月31日，雨势稍有减弱并继续向东北方向移动，流域中北部普降大到暴雨，局部特大暴雨，暴雨中心主要位于北三河中游、永定河官厅山峡区间。流域面平均降水量32mm，较大河系为大清河系64mm、北三河系62mm、永定河系32mm；日降水量25mm、50mm、100mm、250mm以上笼罩面积分别为9.98万 km^2、5.80万 km^2、2.18万 km^2、0.26万 km^2；日降水量最大为永定河系清水河清水站（北京门头沟）398mm。

8月1日，雨势继续减弱并向流域东部移动，至2日8时，海河"23·7"暴雨基本结束。流域中、东部普降中到大雨，局地暴雨到大暴雨，暴雨中心主要位于大清河北支中下游。流域面平均降水量8mm，较大河系为大清河系19mm、北三河系15mm；日降水量25mm、50mm、100mm以上笼罩面积分别为3.31万 km^2、0.80万 km^2、0.01万 km^2；日降水量最大为大清河系中易水安格庄水库（河北易县）152.6mm。

海河"23·7"暴雨逐日面平均降水量统计见表2.3。

表 2.3　海河"23·7"暴雨逐日面平均降水量统计　单位：mm

河系	逐日面平均降水量					累计面平均降水量
	7月28日	7月29日	7月30日	7月31日	8月1日	
滦河	2	5	14	10	7	38
北三河	3	21	38	62	15	139
永定河	1	6	50	32	4	93
大清河	2	49	171	64	19	305
子牙河	16	71	83	12	4	186
漳卫河	32	83	38	22	7	182
徒骇马颊河	27	33	18	3	1	82
全流域	11	39	65	32	8	155.3

2.3.3 暴雨中心移动路径

海河"23·7"暴雨中心于7月28日进入海河流域南部河南省鹤壁市，29日北上进入河北省邯郸市，随后沿太行山山前向北偏西移动，30—31日经河北省邢台市、石家庄市、保定市进入北京市，而后继续东移，最后 8 月 1 日经河北省承德市移出海河流域。海河“23・7”暴雨中心移动路径如图 2.15 所示。

图 2.15　海河“23・7”暴雨中心移动路径

2.3.4　暴雨特点

海河“23・7”暴雨具有持续时间长、时空集中、范围广、总量大、强度大的特点，具体如下：

一是持续时间长、时空集中。海河“23・7”暴雨过程自南向北移动，历时5d（7月28日8时至8月2日8时），其中强降水集中在7月29日20时至31日22时，历时50h，暴雨中心主要在大清河系中上游拒马河以上区间、子牙河系上游滹沱河滏阳河区间以及永定河系官厅山峡区间。

二是降水范围广、总量大。全流域累计面平均降水量大于100mm、200mm、300mm笼罩面积分别为16.33万km^2、8.05万km^2、3.62万km^2，分别占全流域面积的51.4%、25.3%、11.4%。全流域累计面平均降水量155.3mm，累计降水总量达494亿m^3，超过“16・7”暴雨（382亿m^3）、“96・8”暴雨（289亿m^3）、“21・7”暴雨（240亿m^3）、“12・7”暴雨（156亿m^3），小于“63・8”暴雨（600亿m^3）。

三是降水强度大。全流域累计降水量大于100mm站点3399个、大于300mm站点1220个，1h降水量大于50mm有195站次。最大1h雨量为永定河系清水河燕家台站（北京门头沟）142.5mm，超过“21・7”暴雨（129.5mm）、“96・8”暴雨（99mm）和“12・7”暴雨（87mm），小于“16・7”暴雨（177mm）。累计最大点雨量为永定河系清水河清水站（北京门头沟）1014.5mm；最大72h雨量为清水站987.5mm，是历史最大值（1999年7月10—12日，218.6mm）的4.5倍；最大24h雨量为清水站620.5mm，是历史最大值（1999年7月12日，189.7mm）的3.3倍。

2.4 暴雨频率分析

2.4.1 分析方法

选取永定河、大清河、子牙河系暴雨中心区域累计降水量较大雨量站点进行暴雨频率分析。根据北京市、河北省暴雨图集中相关站点最大1h、24h、72h标准历时的暴雨特征值统计表，分析确定典型站点雨量均值和变差系数C_v值。

不同设计频率的代表站点暴雨量，可按式（2.1）计算：

$$H_{tp}=K_P\cdot\overline{H}_t \tag{2.1}$$

式中 H_{tp}——不同历时不同设计频率暴雨量，mm；

K_P——模比系数，根据代表站点不同历时的C_v值查P-Ⅲ型曲线表可得出，其中C_s/C_v比值各标准历时统一采用3.5；

$\overline{H}_t$——不同历时代表站点的暴雨量均值，mm。

根据式（2.1）可计算出各代表站点 1h、24h、72h 的不同频率的设计暴雨量。

2.4.2　分析结果

海河“23·7”暴雨中心主要位于流域太行山、燕山山前，永定河官厅山峡区间、大清河系拒马河、子牙河系滹沱河滏阳河。总体分析，暴雨区域雨量相对集中、累计雨量量级高，大部分雨量站 1h 暴雨频率为 10～20 年一遇，24h、72h 暴雨频率均超过 100 年一遇，其中官厅山峡区间 1h 暴雨频率为 10～20 年一遇，24h、72h 暴雨频率均超过 200 年一遇。

永定河、大清河、子牙河系部分雨量站点 1h、24h、72h 暴雨频率见表 2.4～表 2.6。

表 2.4　永定河、大清河、子牙河系部分雨量站点 1h 暴雨频率分析成果

河系	河流名称	测站名称	时段最大降水量/mm	重现期/年	时段最大降水量系列均值/mm	备注（均值统计时段/年份）
永定河	清水河	清水	51.5	10	28.8	1951—1953、1955、1957、1976—1996
	永定河	大台	83.4	20	35.0	1951—1954、1957、1958、1960、1961、1963—1974、1977、1978、1992
	永定河	青白口	60.9	20	30.0	1951—1955、1957—1996
	黑水河	东傅家堡	53.0	10	25.0	查图
	桑干河	石匣里	43.0	10	25.0	查图
	帮水峪河	陈家堡	42.0	10	25.0	查图
大清河	大石河	霞云岭	40.6	<10	38.7	1952—1953、1956、1958—1960、1962—1966、1968、1978—1991
	大石河	南窖	52.2	<10	39.5	1976—1977、1980—1996
	刺猬河	南辛房	115.1	100	40.0	查图
	中易水	方岗水库	125.8	>300 (322)①	35.0	查图
	富岗沟	东杜岗水库	91.0	50	35.0	查图
	牤牛河	金各庄	87.2	50	40.0	查图
子牙河	泜河南支	寨门沟	82.5	10	40.0	查图
	滹沱河	油子	73.6	10	40.0	查图
	子牙河	曹庄子	71.6	<10	45.0	查图

① 括号内的数字为准确重现期，余同。

表 2.5　永定河、大清河、子牙河系部分雨量站点 24h 暴雨频率分析成果

河系	河流名称	测站名称	时段最大降水量/mm	重现期/年	时段最大降水量系列均值/mm	备注（均值统计时段/年份）
永定河	清水河	清水	620.5	>500	75	查图
	永定河	大台	558.1	>500	100	1950—1996
	永定河	青白口	389.0	>200（217）	83	1951—1996
	帮水峪河	陈家堡	318.4	>500	52	查图
	东灵山河	柳树庄	200.5	>500	50	查图
	北口峪—乜门子河	东庄子	166.0	>300（357）	50	查图
大清河	大石河	霞云岭	402.3	>200（222）	104	1951—1991
	大石河	南窖	559.3	>500	110	查图
	刺猬河	南辛房	512.3	100	114	1963—1996
	界河	龙居	441.5	>100（172）	100	查图
	龙安沟	长安庄	432.5	>500	100	查图
	漕河	猫尔岩	422.0	>300（303）	100	查图
子牙河	宋家庄川	桃园	571.5	>500	95	查图
	槐河	三六沟	517.5	>200（278）	98	查图
	将军墓川	云梦山	479.0	>200（278）	96	查图

表 2.6　永定河、大清河、子牙河系部分雨量站点 72h 暴雨频率分析成果

河系	河流名称	测站名称	时段最大降水量/mm	重现期/年	时段最大降水量系列均值/mm	备注（均值统计时段/年份）
永定河	清水河	清水	987.5	>500	98	查图
	永定河	大台	786.9	>500	135	1950—1996
	永定河	青白口	559.8	>200（263）	115	1951—1996
	湫河	横岭	409.6	>500	60	查图
	东灵山河	柳树庄	256.5	>500	60	查图
	北口峪—乜门子河	东庄子	242.5	>500	57	查图

续表

河系	河流名称	测站名称	时段最大降水量/mm	重现期/年	时段最大降水量系列均值/mm	备注（均值统计时段/年份）
大清河	大石河	霞云岭	712.1	>500	140	1951—1982
	大石河	南窖	805.3	>500	142	查图
	刺猬河	南辛房	675.1	>300（303）	143	1963—1996
	龙安沟	长安庄	785.5	>500	115	查图
	中易水	水口	712.6	>300（385）	120	查图
	界河	岭西	640.8	>400（476）	120	查图
子牙河	槐河	三六沟	827.5	>300（357）	135	查图
	宋家庄川	桃园	822.0	>300（345）	135	查图
	北沙河	双石铺	657.5	>100（149）	130	查图

2.5　与历史暴雨比较

2.5.1　降水总量及历时

海河“23·7”暴雨历时持续5d，较“96·8”暴雨（4d）、“12·7”暴雨（1d）、“16·7”暴雨（3d）历时长，较“63·8”暴雨（7d）、“21·7”暴雨（6d）历时短。海河“23·7”暴雨最大1d降水总量为195.2亿m^3，最大3d降水总量为412.8亿m^3，均超过“63·8”暴雨最大1d及3d降水总量。具体见表2.7。

表2.7　海河“23·7”暴雨与历史暴雨降水总量比较　单位：亿m^3

暴雨天数	降水总量					
	“23·7”暴雨	“21·7”暴雨	“16·7”暴雨	“12·7”暴雨	“96·8”暴雨	“63·8”暴雨
1d	195.2	96	202.74	156.28	—	122.1
3d	412.8	156.8	381.63	—	289.41	322.5
7d	494（5d）①	240（6d）	—	—	—	600

① 括号内标注的为实际降水天数。

2.5.2　暴雨笼罩面积

从海河“23·7”暴雨等值线图分析，超过一半以上的流域面积降水量均超过100mm。太行山、燕山山前地区局部降水量超过200mm，笼罩面积为80518km^2。

100mm、200mm降水笼罩面积均超过“96·8”暴雨、“12·7”暴雨和“21·7”暴雨。大清河系中上游、子牙河系上游、漳卫河系中部及官厅山峡地区局地降水量超过300mm，笼罩面积为36231km^2，超过“21·7”暴雨、“16·7”暴雨、“12·7”暴雨和“96·8”暴雨，见表2.8。

表2.8 海河“23·7”暴雨与历史暴雨笼罩面积比较

降水量/mm	笼罩面积/km^2					
	“23·7”暴雨	“21·7”暴雨	“16·7”暴雨	“12·7”暴雨	“96·8”暴雨	“63·8”暴雨
100	163272	72680	168176	49032	80000	153000
200	80518	31640	43848	11505	15000	102805
300	36231	17493	9466	878	8400	75450

2.5.3 暴雨移动路径

综合历史特大暴雨中心移动路径对比分析，海河“23·7”暴雨中心在太行山及燕山山前地区，均比“63·8”“96·8”暴雨中心偏西，集中于流域上游主要产流区，造成海河“23·7”洪水上涨快、来势猛。历史暴雨中心移动路径如图2.16所示。

2.5.4 暴雨强度

统计海河“23·7”暴雨各时段短历时暴雨，结果如下：最大1h降水量为永定河系清水河燕家台站（北京门头沟）142.5mm，仅次于“16·7”暴雨；最大3h降水量为漳卫河系思德河夺丰站（河南淇县）227.5mm，超过“63·8”暴雨；最大6h降水量为大清河系刺猬河南辛房站（北京门头沟）261.1mm；最大24h降水量为永定河系清水河清水站（北京门头沟）620.5mm，小于“63·8”“16·7”暴雨。对比历史特大暴雨短历时暴雨强度（最大1h、3h、6h、24h）结果见表2.9。对比分析可见，海河“23·7”暴雨降水强度大，是造成洪水涨势快、洪峰流量大的重要因素之一。

表2.9 短历时降水强度比较

历次大暴雨	最大时段降水量/mm			
	1h	3h	6h	24h
“23·7”暴雨	142.5	227.5	261.1	620.5
“21·7”暴雨	129.5	304.0	351.5	614.5
“16·7”暴雨	177.0	264.0	363.0	655.0
“12·7”暴雨	87.0	168.0	275.0	379.0
“96·8”暴雨	99.0	246.0	336.0	589.0
“63·8”暴雨	—	218.0	426.0	950.0

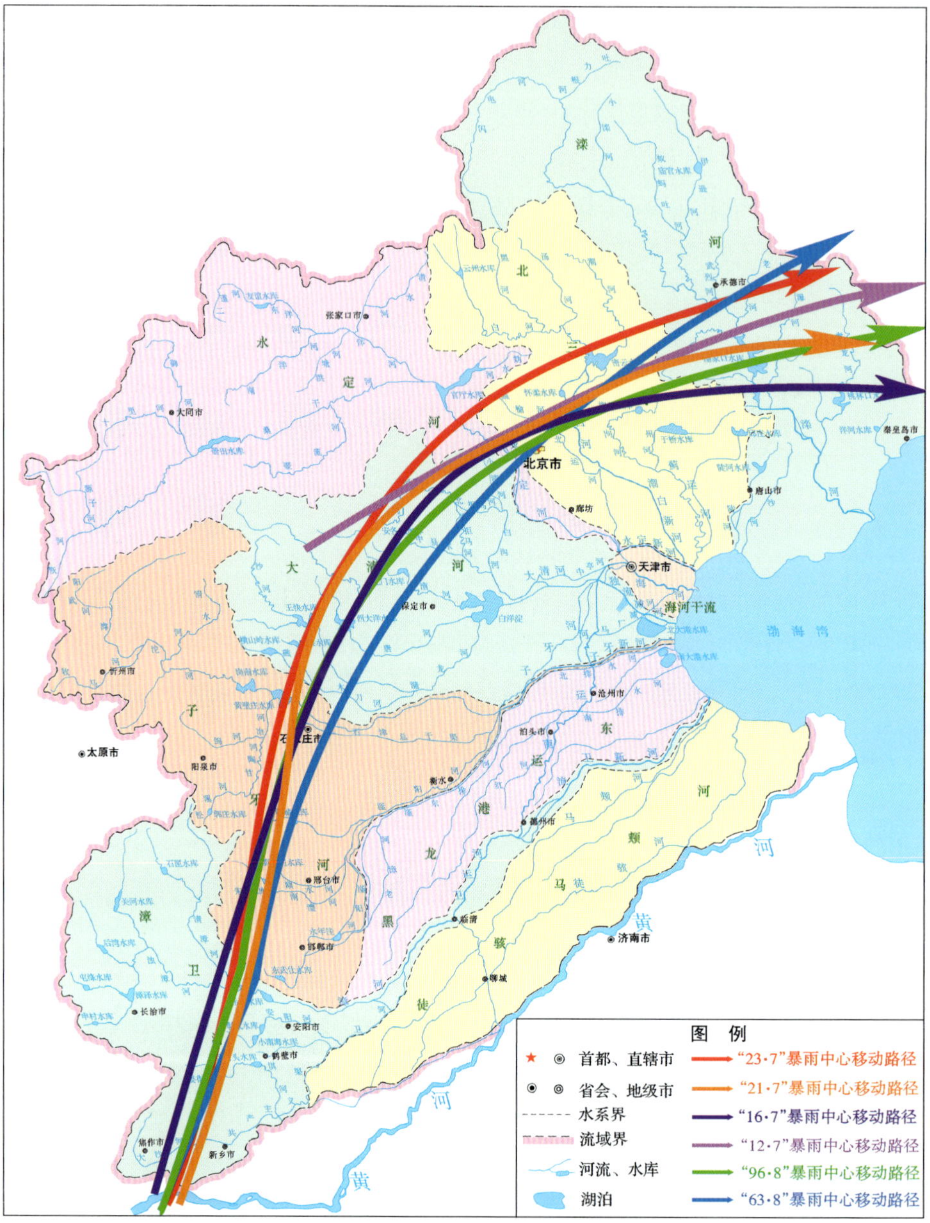

图 2.16　历史暴雨中心移动路径

2.6　小结

(1) 暴雨调查共复核了北三河、永定河、大清河、子牙河和漳卫河 5 个河系 2919 处雨量站点，调查数据与暴雨中心分布特点基本一致。

(2) 2023 年 7 月 28 日至 8 月 1 日，台风"杜苏芮"残余环流携丰沛水汽北上，受到华北北部"高压坝"拦截，加上太行山和燕山山脉地形抬升等共同作用，造成了海河“23·7”暴雨。

（3）海河“23·7”暴雨全流域累计面平均降水量155.3mm，降水总量达494亿m^3，超过“16·7”“96·8”“21·7”“12·7”暴雨，小于“63·8”暴雨。暴雨中心主要位于大清河系拒马河、子牙河系滹沱河滏阳河、永定河系官厅山峡区间。暴雨过程具有持续时间长、时空集中、范围广、总量大、强度大的特点。

第3章

洪水调查分析

依据《水文调查规范》（SL 196—2015）和《水文测量规范》（SL 58—2014），本章选取受洪水影响较大的水文站和重要河段开展实地走访、洪痕刻画、洪痕高程及大断面测量等工作，分析洪水过程、洪水组成、洪水特点等，与历史洪水进行比较，并计算了洪水重现期。

3.1　洪水调查

本次洪水调查由海委及北京市、天津市、河北省、山西省、河南省水文部门及时组织开展，主要对控制性水文站和典型河段进行了现场调查、洪痕测量及无人机航拍，覆盖北三河、永定河、大清河、子牙河和漳卫河等 5 个河系，外业调查累计投入 300 余人次，历时 30 余 d，行程约 1.5 万 km。

3.1.1　调查站点分布情况

海河“23·7”洪水涉及各河系水文站点共 1119 处，其中北三河系 318 处、永定河系 162 处、大清河系 212 处、子牙河系 247 处、漳卫河系 180 处。选取受洪水影响较大的 58 处水文站、冲淤变化较大的 449 处调查断面及 20 余处蓄滞洪区分水口门开展调查分析，较大程度还原了洪水实际。洪水调查水文站及调查断面分布见图 3.1。

3.1.2　调查方法及范围

海河“23·7”洪水调查主要采用实测结果检验、洪痕调查、断面测量和遥感解译等方法，调查范围主要为永定河、大清河和子牙河等河系。

（1）实测结果检验。针对已测得洪水过程的水文测站，通过调查测验断面最高洪水位痕迹，复测洪峰过后大断面，对实测洪水过程和洪峰流量进行复核修正。同时对复核结果开展单次流量测验精度分析和水位流量关系特性分析，检验其成果精度及合理性。调查范围包括北三河、永定河、大清河和子牙河等部分水文测站。

（2）洪痕调查。针对受洪水影响较大的水文测站，如拒马河都衙、张坊等被洪水冲毁的水文站，开展洪痕调查、水位流量关系高水延长，确定洪水过程和洪峰流量。部分河段及蓄滞洪区采用水位站自动监测数据或测量明显洪痕位置的方法确定最高洪水位及行洪过程。调查范围包括永定河、大清河和子牙河等部分水文测站。

（3）断面测量和遥感解译。针对无水文测站的行洪河段进行洪水调查，重点调查发生洪水河段的河床组成、冲淤变化，对蓄滞洪区分洪口门进行淹没面积测量和滞洪量调查，同时对部分蓄滞洪区河道及退水闸等进行航拍和遥感分析。调查范围包括北三河、永定河、大清河、子牙河和漳卫河等部分河段及蓄滞洪区。

洪痕位置高程、纵横断面主要利用人工手持全球导航卫星系统（Global Navigation Satellite System，缩写 GNSS）等设备涉水施测。测验河段地形图（平面图）利用无人机正摄影像三维建模生成。无法涉水施测的断面水上部分从三维模型中提取，水下部分采用无人船搭载 GNSS 及测深仪联合测量。

调查洪峰流量的方法主要有水位流量关系法、比降面积法、水面曲线法、水力

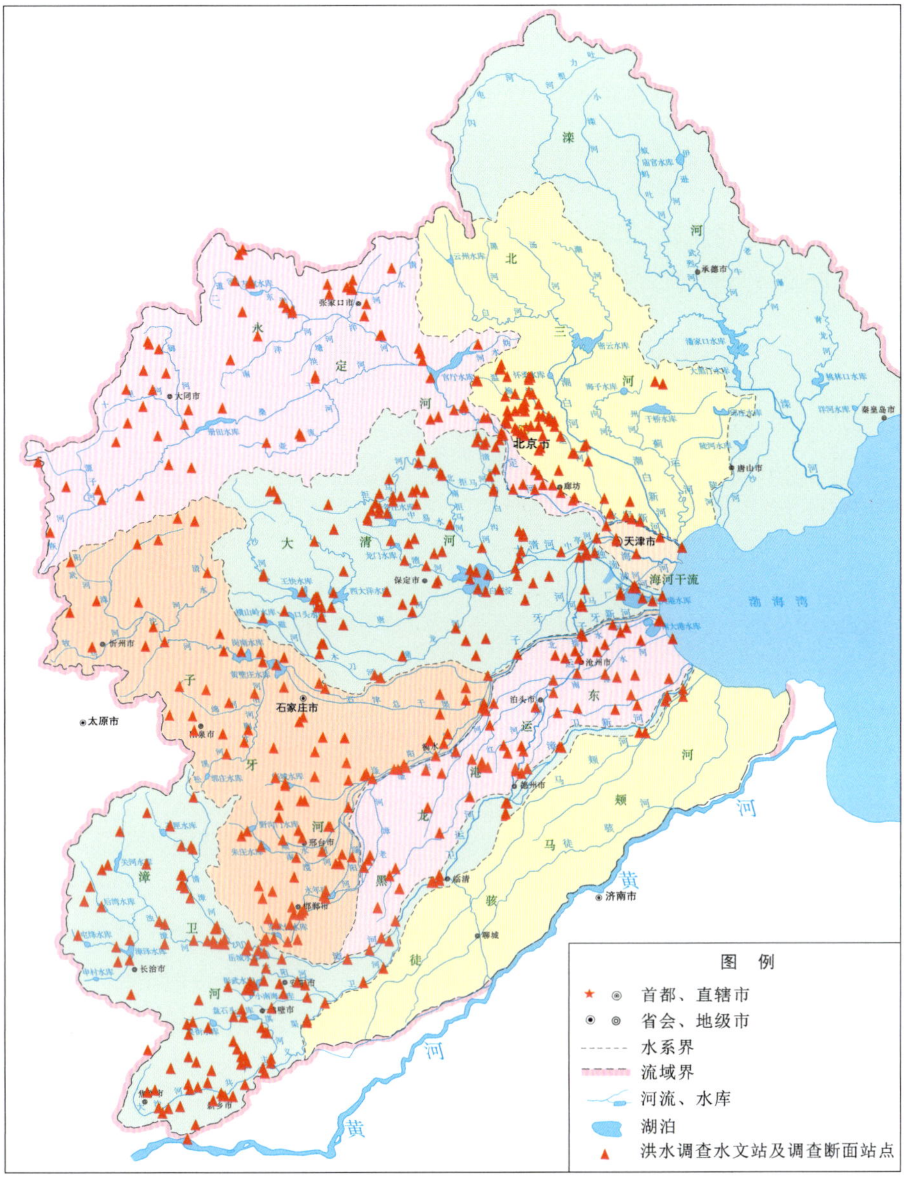

图 3.1 洪水调查水文站及调查断面分布

学公式法和模型试验法等，海河“23 · 7”洪水调查主要采用比降面积法和水面曲线法。

1）比降面积法计算公式：

$$Q=\frac{1}{n}R^{\frac{2}{3}}I^{\frac{1}{2}}A \tag{3.1}$$

式中 Q——洪峰流量，m^3/s；

R——水力半径，m；

A——过水断面面积，m^2；

n——糙率，根据河床组成及床面特征，河道平面及水流流态，以及主槽、滩地植被特征等，参考《水力学计算手册》（中国水利水电出版社，2006 年 6 月）河道糙率表综合确定；

I——水力坡度，根据上下游洪痕水位计算，并对照该河段河道河底纵坡、设计水位的水面比降等对比后综合确定。

2）水面曲线法计算公式：

$$Z_u = Z_L + \frac{1}{2}\left(\frac{Q_m^2}{K_u^2} + \frac{Q_m^2}{K_L^2}\right)L - (1-\xi)\left(\frac{v_u^2}{2g} - \frac{v_L^2}{2g}\right) \tag{3.2}$$

式中　Z_u、Z_L——上、下断面水位，m；

Q_m——洪峰流量，m^3/s；

v_u、v_L——比降上、下断面流速，m/s；

g——重力加速度，取 $9.80m/s^2$；

L——比降上、下断面间距，m；

ξ——断面阻力系数（收缩取负、扩散取正）；

K_u、K_L——上、下断面平均输水率。

3.1.3　调查过程及成果

8 月中下旬，海委、北京市、天津市、河北省、山西省和河南省水文部门相继启动洪水调查工作，制定洪水调查方案、组织专业技术人员成立调查组，深入现场查勘、访问当地群众开展洪水调查。9 月初，山西省、河南省完成了漳卫河系的洪水调查工作；10 月中旬，北京市、天津市和河北省完成了北三河、永定河、大清河、子牙河的洪水调查工作，共调查现有水文站和新增断面 507 处。主要开展了洪痕刻画及高程测量、大断面测量等工作，计算复核了相关控制站的洪峰流量和洪水总量。洪水调查站点分布及调查工作见图 3.2～图 3.4。

（1）重要控制站调查成果。8 月中旬，各省（直辖市）组成调查组对大清河被冲毁、永定河系受洪水影响较大的 58 处水文站进行调查及复核。主要采用实地勘查和访问当地居民等方式开展了洪痕刻画、高程测量、大断面测量及实测资料复核等工作。

1）大清河系拒马河都衙水文站。受洪水影响，都衙水文站站房过水，水文测验设施全部损毁，受损情况见图 3.5、图 3.6。分别在水文站基本水尺断面上游 160m 处、基本水尺断面位置及基本水尺断面下游 425.5m 处刻画了洪痕（图 3.7），作为比降上、中、下断面，为洪水调查工作提供依据。

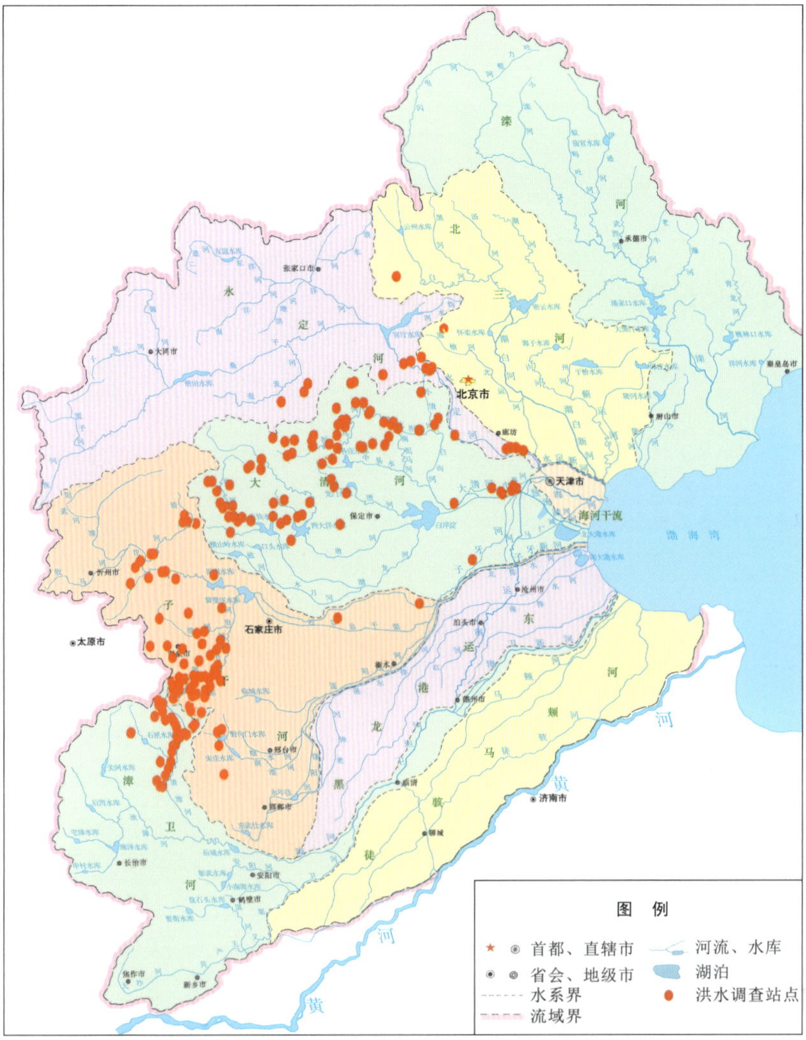

图 3.2 洪水调查站点分布

图 3.3 北京房山洪水调查走访

图 3.4　洪痕刻画及高程测量

图 3.5　都衙水文站受损情况

图 3.6　都衙水文站测验断面洪水前后对比

图 3.7 都衙水文站洪痕刻画

上比降断面选择在基本水尺断面上游 160m 处，下比降断面选择基本水尺断面下游 425.5m 处。7 月 31 日 19 时，基本水尺断面最高洪水位 227.38m（1985 国家高程基准），按照比降面积法计算洪峰流量为 6380m^3/s，为有实测资料以来最大值。经上下游洪峰流量对照和区间产汇流合理性分析，调查成果合理可靠。

2）大清河系拒马河张坊水文站。受洪水影响，张坊水文站基本水尺断面发生严重冲刷，冲刷深度最大接近 4m，高洪雷达波测流系统受损。调查人员分别在水文站基本水尺断面上游 100m 处、基本水尺断面位置及基本水尺断面下游 100m 处刻画了洪痕（图 3.8），作为比降上、中、下断面，开展洪水调查工作。张坊水文站洪水前后实测大断面对比见图 3.9。

图 3.8 张坊水文站洪痕刻画

张坊水文站基本水尺断面为复式断面，左岸处为 30m 宽混凝土标准断面，上断面洪痕位置距中断面 100m，下断面洪痕位置距中断面 100m。7 月 31 日 22 时 20 分，

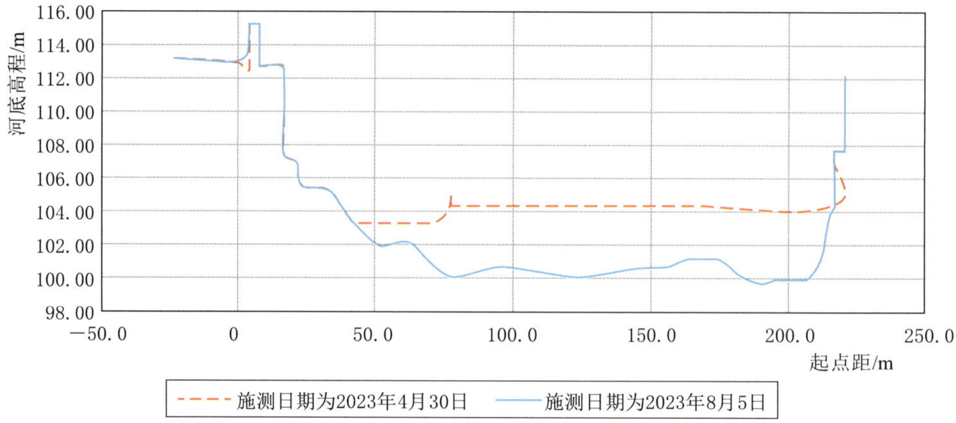

图 3.9　张坊水文站洪水前后实测大断面对比

基本水尺断面最高洪水位 109.28m（大沽基面），根据《北京市洪水调查资料（第一册）》（内部资料，北京市水利局，1981 年 11 月，余同）相关参数，按照比降面积法计算洪峰流量为 $7330m^3/s$，列有实测资料以来第 2 位。经上下游洪峰流量对照和区间产汇流合理性分析，调查成果合理可靠。

3）大清河系大石河漫水河水文站。受洪水影响，漫水河水文站站房过水，部分测验设施设备损毁，基本水尺断面严重受损，左岸出现严重漫滩。分别在水文站基本水尺断面上游 119m 处铁路桥位置、测流断面位置及水文站后院墙处刻画洪痕（图 3.10），并以上述三个断面作为比降上、中、下断面，为水准测量工作提供基准。

图 3.10　漫水河水文站洪痕刻画

对左岸漫滩部分进行水准测量，确定漫滩边界及各点高程，大断面成果见图 3.11。

漫水河水文站上断面洪痕位置距中断面 119m，下断面洪痕位置距中断面 184m，上下比降断面间距共 303m。7 月 31 日 11 时 15 分，基本水尺断面最高水位 93.15m（大沽基面），对应过水面积 $1230m^2$，水面宽 312m。根据《北京市洪水调查资料

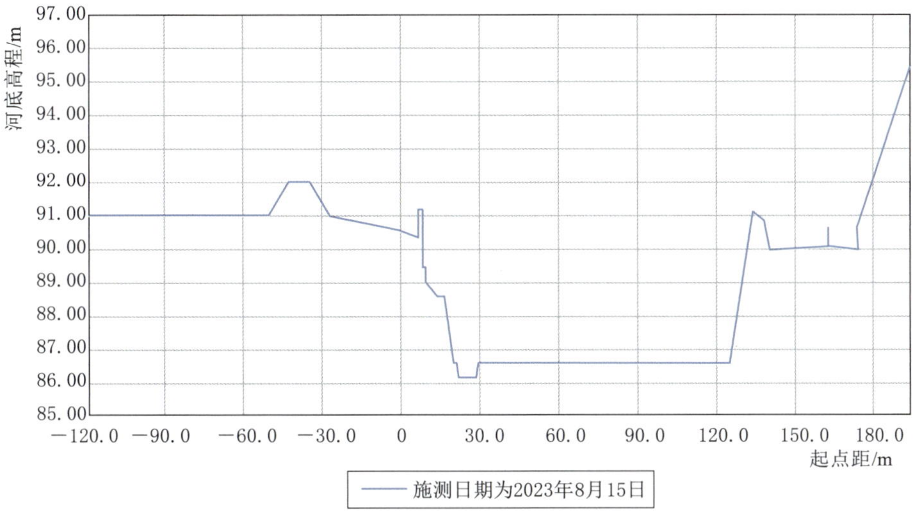

图 3.11　漫水河水文站大断面

（第一册）》相关参数，并考虑漫水河水文站基本水尺断面固化影响，按照比降面积法计算洪峰流量为 5300m^3/s，为有实测资料（1961 年）以来最大值。经上下游洪峰流量对照和区间产汇流合理性分析，调查成果合理可靠。

4）永定河系永定河雁翅水文站。受洪水影响，雁翅水文站部分测验设施设备发生损毁，如水位自记平台、雷达波在线测流系统等发生水毁。分别在水文站基本水尺断面上游 120m 处、测流断面位置及本水尺断面下游 120m 处刻画了洪痕（图 3.12），并以上述三个断面作为上、中、下断面，为水准测量工作提供基准。调查洪水过后雁翅水文站大断面宽为 121m，实测大断面面积为 519m^2，大断面成果见图 3.13。

图 3.12　雁翅水文站洪痕刻画

雁翅水文站上断面洪痕位置距中断面 120m，下断面洪痕位置距中断面 120m。8 月 1 日 7 时，基本水尺断面（比降中断面）最高水位为 238.76m（大沽基面）。雁翅水文站测流断面为固化标准断面，下游为天然河道多砾石、大石，易产生回水，水流条件

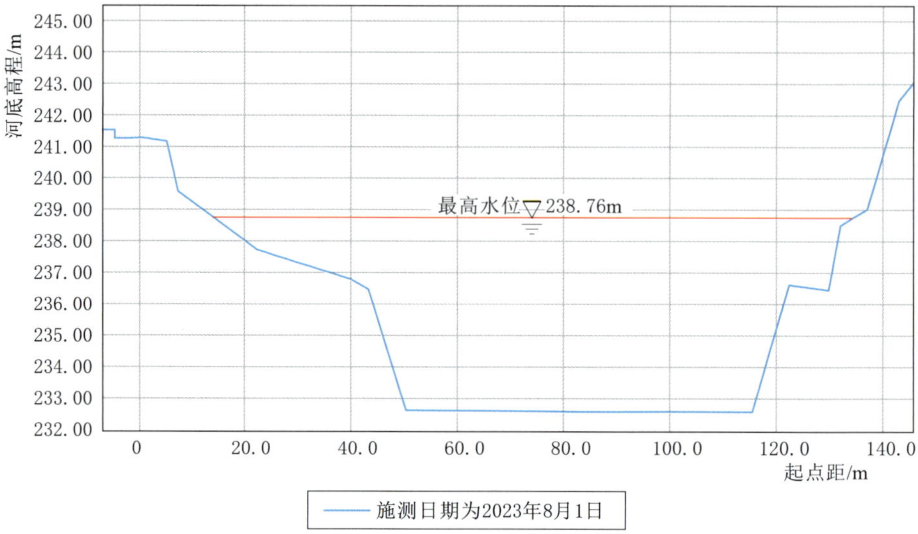

图 3.13　雁翅水文站大断面

一般，根据《北京市洪水调查资料（第一册）》相关参数，按照比降面积法计算洪峰流量为 1710m^3/s，经上下游洪峰流量对照和区间产汇流合理性分析，调查成果合理可靠。

5）永定河系清水河清水水文站。受洪水影响，清水水文站站房及测验断面全部损毁。调查人员分别在水文站站房位置、基本水尺断面位置及北京农商银行门口院墙处刻画了洪痕（图 3.14），并以上述三个断面作为上、中、下断面，为水准测量工作提供基准，大断面成果见图 3.15。

图 3.14　清水水文站洪痕刻画、水准测量

经测量，清水水文站基本水尺断面（比降中断面）宽为 70.2m，上下比降断面间距共 89.0m。7 月 31 日 11 时，基本水尺断面最高水位为 485.82m。根据《北京市洪水调查资料（第一册）》相关参数，按照比降面积法计算洪峰流量为 1050m^3/s。经

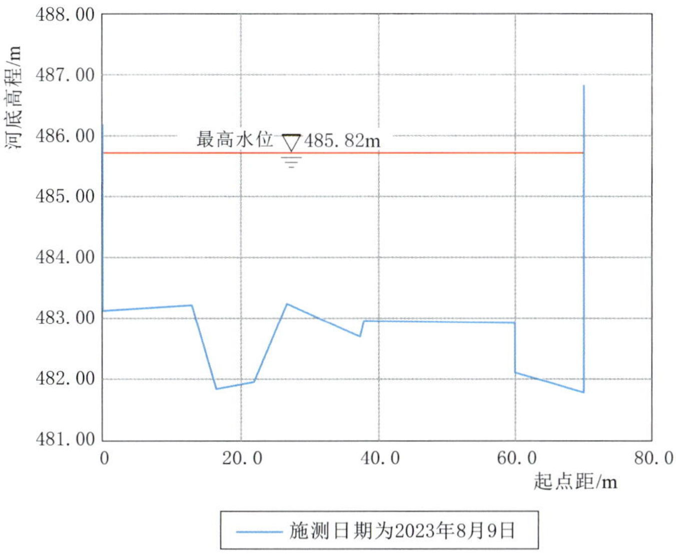

图 3.15　清水水文站大断面

上下游洪峰流量对照和区间产汇流合理性分析，调查成果合理可靠。

（2）重要河段调查成果。根据海河“23·7”洪水实际，重点对发生特大洪水的大清河系北拒马河、永定河系三家店—卢沟桥区间以及发生大洪水的子牙河系松溪河全面开展调查。

1）北拒马河北支、中支和南支。北拒马河自铁锁崖向东流，入北京市房山区，沿程有龙安沟汇入，经镇江营后分为北、中、南三支，在涿州市西疃村北中支因拦河坝改道向北，于小兰家营村东汇入北支。海河“23·7”洪水调查区域为北拒马河北、中、南三支分流口，分别为北支王家铺断面、中支白沙滩断面、南支镇江营断面。拒马河调查区站网分布见图 3.16。

图 3.16　拒马河调查区站网分布

调查复核了最高洪水位，测量了河段上下比降断面，复测了大断面，在此基础上对实测洪水过程和洪峰流量进行计算修正。调查成果见表 3.1。

表 3.1　北拒马河临时断面洪水调查成果

序号	断面名称	河流	断面位置	断面情况	洪峰流量/(m^3/s)	洪峰出现时间
1	王家铺	北支	北京市房山区王家铺村北侧南尚乐路桥	全断面使用铅丝石笼护砌，护砌长度约 110m，河段顺直	552	7 月 31 日 23 时 15 分
2	白沙滩	中支	北京市房山区白沙滩村北侧南尚乐路桥	两岸为浆砌石护砌，河底为天然卵石，河段顺直，断面规整	5290	
3	镇江营	南支	北京市房山区镇江营村东侧公路桥	两岸为铅丝石笼护砌，河底为天然卵石，河段基本顺直	550	

北拒马河北支王家铺：现场均匀布设了 9 条测速垂线，利用电波流速仪施测，计算洪峰流量为 552m^3/s，洪峰出现时间为 7 月 31 日 23 时 15 分。调查现场和成果见图 3.17。

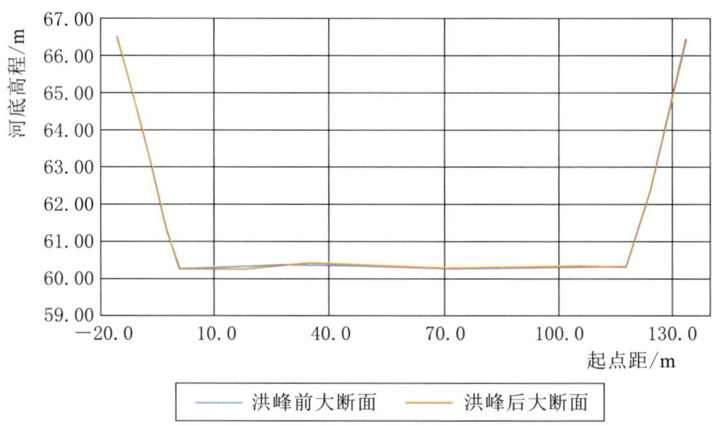

图 3.17　王家铺断面洪痕刻画、洪峰前后大断面对比

北拒马河中支白沙滩：现场布设了 7 条测速垂线，利用电波流速仪施测，测得最大水面流速 8.00m/s，考虑河道冲刷造成断面变化，复核洪峰流量为 5290m^3/s，洪峰出现时间为 7 月 31 日 23 时 15 分。调查现场和成果见图 3.18。

北拒马河南支镇江营：采用比降面积法计算洪峰流量，选取镇江营公路桥桥下河段，中比降断面最高水位为 62.66m，计算洪峰流量为 550m^3/s。调查现场和成果见图 3.19、图 3.20。

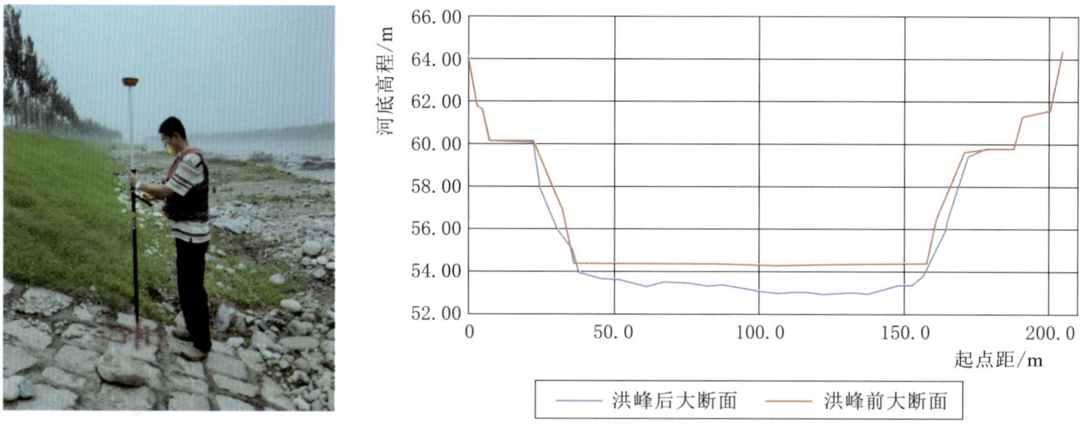

图 3.18 白沙滩断面洪痕测量、洪峰前后大断面对比

图 3.19 洪峰过后北拒马河南支河床

海河“23·7”洪水，北拒马河北、中、南三支洪峰分流比为 1∶10∶1，3d 洪量分流比约为 1∶24∶2。

2）永定河三家店—卢沟桥区间。永定河流域三家店—卢沟桥区间流域面积 114.38km^2，区域内有城子沟、门头沟（黑河沟）、中门寺沟、冯村沟、高井沟 5 条支沟汇入永定河，均无水文站控制（图 3.21）。8 月 3—9 日，对 5 条支沟进行了实地查勘，调查了解支沟行洪漫溢情况，开展洪痕刻画及高程测量，并结合河道断面及地形高程资料，按照比降面积法计算 5 条支沟入永定河洪峰流量。调查现场和成果见图 3.22、图 3.23 及表 3.2。

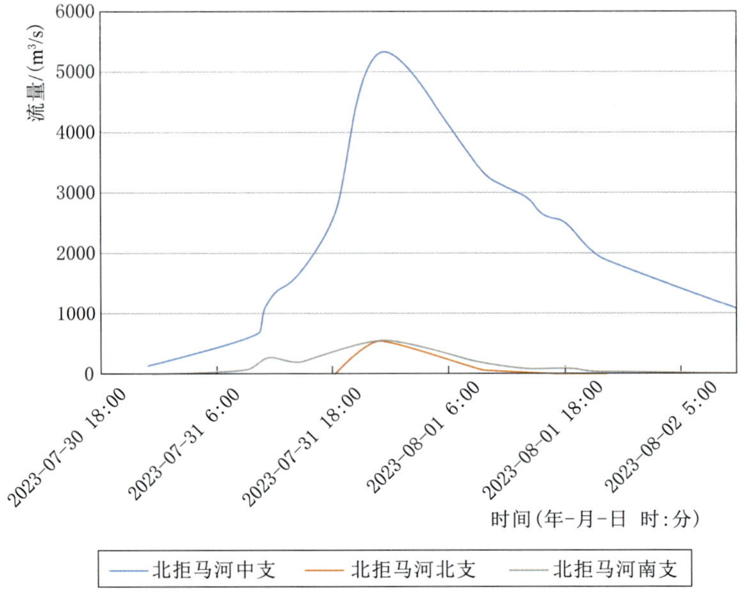

图 3.20　北拒马河洪水过程

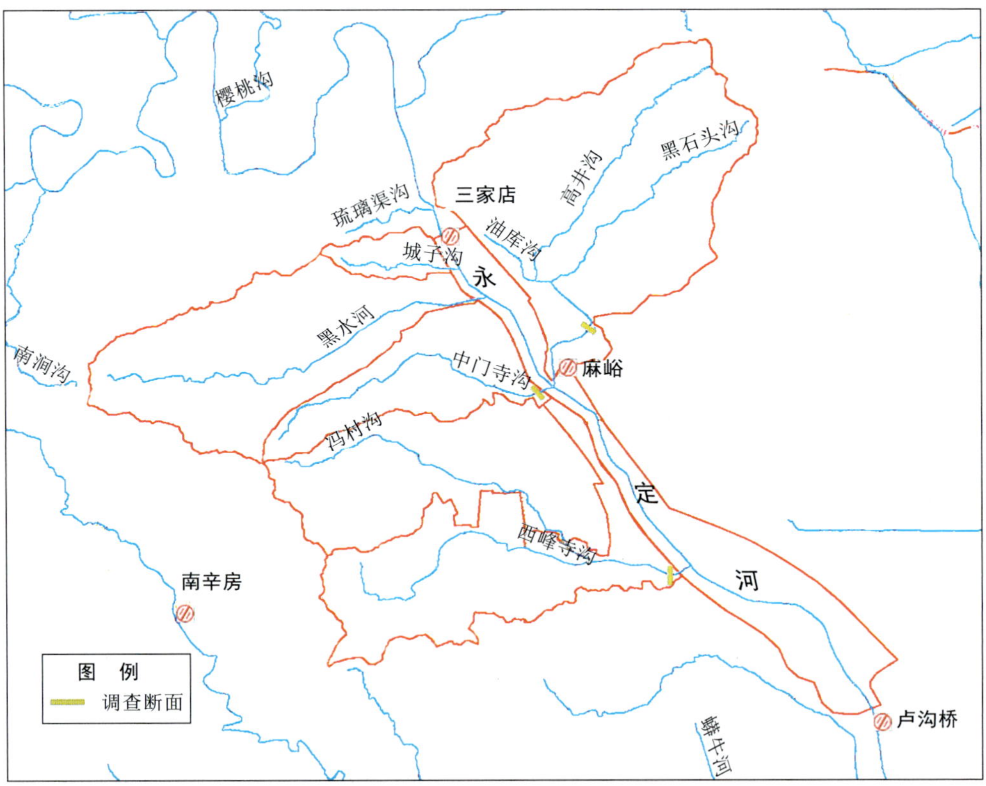

图 3.21　永定河三家店—卢沟桥区间河流

图 3.22 城子沟、门头沟洪痕刻画

图 3.23 冯村沟、高井沟洪痕高程测量

表 3.2 三家店—卢沟桥区间 5 条主要支沟洪水调查成果

序号	支沟名称	流域面积 /km^2	上下比降断面距离 /m	过水断面面积/m^2	水面宽 /m	洪峰流量 /(m^3/s)	洪峰出现时间
1	城子沟	2.30	165.0	28.1	17.2	67.1	7 月 31 日 11 时
2	门头沟	21.4	295.0	155	118	667	7 月 31 日 11 时
3	中门寺沟	10.3	210.0	63.8	26.9	132	7 月 31 日 13 时
4	冯村沟	36.9	383.0	141	48.0	384	7 月 31 日 13 时
5	高井沟	31.8	108.4	47.1	28.0	78.0	7 月 31 日 13 时

3）子牙河松溪河段。松溪河流域调查河段长 383.6km，布设调查断面 49 处，调查水文站 1 处、水库 4 座（图 3.24）。流域内降雨历时 35～60h，主雨历时 20～45h。

流域内降水量由上游向下游呈递增趋势，下游暴雨中心王寨河郝家最大 3d 降水量达 667.2mm，最大 24h 降水量 474.8mm；下游暴雨的主雨区刀把口河平均场次降水量 556.4mm、王寨河平均场次降水量 588.9mm，暴雨走向与河流走向基本一致。

图 3.24　松溪河段分布

调查人员对调查河段进行了实地查勘，开展洪痕刻画及高程测量，并结合实测资料，采用比降面积法、水面曲线法对调查河段洪峰流量进行了分析计算。通过计算，松溪河干流洪峰流量为 139～4160m^3/s。受上游南营拦河坝被冲毁影响，下游各调查河段洪峰突然增大，至山西省界出口泉口水文站最大洪峰流量为 4040m^3/s。调查现场和成果见图 3.25、图 3.26 及表 3.3。

图 3.25　杨照河洪痕刻画

图 3.26 杓铺沟刀背岩段现场调查

表 3.3 松溪河洪水部分调查成果

序号	断面名称	河段长 /km	集水面积 /km²	流量 /(m³/s)	洪峰模数 /[m³/(s·km²)]
1	王寨（松）	91.8	1685	4160	2.47
2	泉口水文站	88.1	1627	4040	2.48
3	大安垴	82.0	1568	3970	2.53
4	南营拦河坝涵洞下	79.1	1480	3270	2.21
5	丁峪（松）	80.9	1485	3160	2.13
6	南营拦河坝涵洞上	78.5	1480	2980	2.01
7	南营拦河坝	77.8	1476	2920	1.98
8	水磨头	70.6	1449	2140	1.48
9	口上水库	76.8	1462	1750	1.20
10	西固壁渡槽下	60.0	1151	1700	1.48

（3）蓄滞洪区调查成果。海河“23·7”洪水期间，海河流域共有 8 处蓄滞洪区启用，分别为永定河泛区、小清河分洪区、兰沟洼、东淀、宁晋泊、大陆泽、献县泛区、共渠西。

经过对蓄滞洪区分洪口门的实地走访，开展了淹没面积测量和滞洪量调查，确定了各蓄滞洪区最大滞蓄洪量和滞蓄洪面积等，调查结果见表 3.4。

表 3.4 蓄滞洪区启用情况调查结果

蓄滞洪区及启用时间	最大滞蓄洪量/亿 m^3	最大滞蓄洪面积/km^2	退水时间
永定河泛区 8 月 2 日 6 时	2.290	256	8 月 22 日
小清河分洪区 7 月 31 日 12 时	5.144	230	8 月 11 日
兰沟洼 7 月 31 日 23 时 30 分	2.230	278.2	8 月 22 日
东淀 8 月 1 日 2 时	8.010	319.6	9 月 26 日
宁晋泊 7 月 30 日 20 时	2.010	316	8 月 23 日
大陆泽 7 月 30 日 20 时	4.050		8 月 11 日
献县泛区 8 月 1 日 11 时	1.213	127.8	9 月 5 日
共渠西 8 月 1 日 15 时	0.140	25.3	8 月 9 日

3.2 洪水过程

3.2.1 洪水特点

海河“23·7”洪水具有以下特点：

一是洪水多河系并发。受强降水过程影响，子牙河、永定河和大清河系相继发生 2023 年第 1 次编号洪水，其中“子牙河 2023 年 1 号洪水”是我国大江大河 2023 年首次发生的编号洪水。海河“23·7”洪水 5 个河系 22 条河流发生超警以上洪水，其中永定河系永定河、清水河、妫水河，大清河系白沟河、大石河、沙河、通天河，子牙河系清水河共计 8 条河流发生有实测资料以来最大洪水。永定河、大清河系发生特大洪水，子牙河系发生大洪水，北三河和漳卫河系发生较大洪水。

二是洪水涨势猛、产汇流快。海河“23·7”洪水中，永定河卢沟桥枢纽过闸流量自 2023 年 7 月 31 日 13 时 1030m^3/s 涨至 14 时 30 分最大流量 4650m^3/s，1.5h 内流量涨幅高达 3620m^3/s；大清河系大石河的漫水河水文站流量自 7 月 31 日 9 时 1650m^3/s 涨至 11 时 20 分洪峰流量 5300m^3/s，2h 左右流量涨幅高达 3650m^3/s，漫水河以上区间雨峰洪峰间隔仅 2h20min。

三是洪水量级大、峰值高。永定河卢沟桥枢纽过闸最大流量 4650m^3/s，为 1924 年以来最大值；永定河固安水文站洪峰流量 2370m^3/s，为有实测资料以来最大值。大清河北支张坊水文站洪峰流量 7330m^3/s，仅次于“63·8”洪水洪峰流量 9920m^3/s；白沟河东茨村洪峰流量 2790m^3/s，与“63·8”洪水洪峰流量相当；大石河漫水河水文站洪峰流量 5300m^3/s，为有实测资料以来最大值。子牙河沙河朱庄水库入库洪峰流量 7900m^3/s，超 100 年一遇。

3.2.2 各河系洪水过程

（1）永定河系。永定河系降水过程集中在 7 月 30—31 日，洪水具有涨势猛、洪峰高的特点，暴雨中心位于官厅山峡。洪水汇流时间较短，向下游传播速度快。支流清水河斋堂水库 7 月 31 日 11 时 30 分入库洪峰流量 1170m^3/s，为 1974 年有实测资料以来最大值。永定河雁翅水文站 8 月 1 日 7 时洪峰水位 238.85m，洪峰流量 1710m^3/s，为 1951 年有实测资料以来最大值。三家店水文站 7 月 30 日 16 时左右起涨（图 3.27），7 月 31 日 13 时 30 分洪峰水位 107.72m，洪峰流量 3500m^3/s，列 1924 年以来第 4 位（历史极值为 1924 年 7 月 13 日 5280m^3/s）；雁翅至三家店洪水传播时间约 3h。

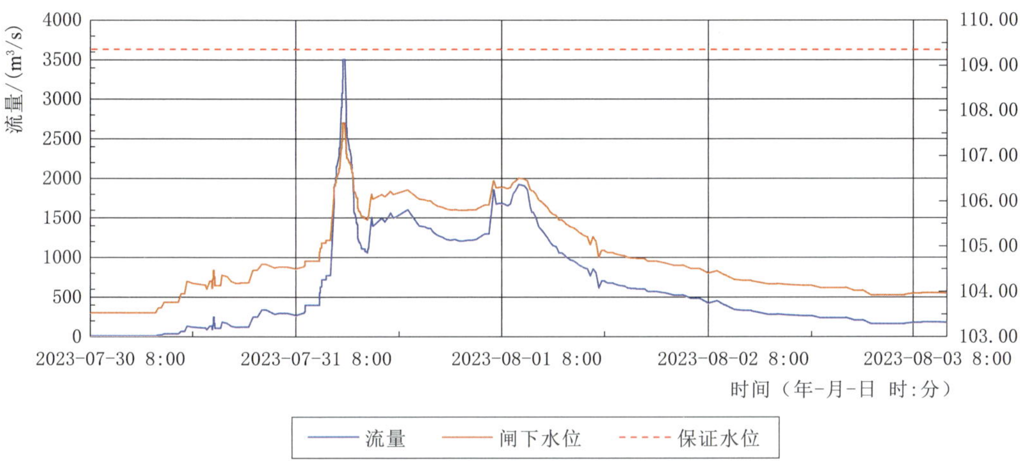

图 3.27 永定河三家店水文站洪水过程

7 月 31 日 14 时 30 分卢沟桥枢纽过闸最大流量 4650m^3/s，为 1924 年以来最大值（历史极值为 1924 年 7 月 13 日 4920m^3/s）。大宁水库、永定河滞洪水库相继投入运用，滞洪总量 0.75 亿 m^3。固安水文站 8 月 1 日 2 时起涨，8 月 2 日 0 时 9 分洪峰流量 2370m^3/s，为 1956 年以来最大值。洪水经永定河泛区滞蓄后，屈家店枢纽永定新河进洪闸 8 月 10 日 8 时出现最大下泄流量 253m^3/s。

（2）大清河系。大清河系降水过程集中在 7 月 30—31 日，洪水具有洪峰高、洪量大、持续时间长的特点，暴雨中心位于大清河北支，大清河南北支产流均较大。

1）大清河南支。大清河南支上游支流较多，各支流均出现不同程度的涨水过程，产生较大洪水的河流有磁河、沙河、潴龙河、唐河、漕河等。其中，磁河横山岭水库 7 月 29 日 17 时起涨，7 月 31 日 3 时入库洪峰流量 943m^3/s，8 月 5 日 8 时最大下泄流量 53.9m^3/s。沙河阜平水文站 7 月 31 日 14 时 53 分洪峰水位 254.11m，洪峰流量

3100m^3/s，列 1958 年有实测资料以来第 2 位（历史极值为 1963 年 8 月 7 日 3380m^3/s），洪水过程见图 3.28；王快水库 7 月 31 日 17 时入库洪峰流量 3670m^3/s，列 1959 年有实测资料以来第 2 位（历史极值为 1963 年 8 月 7 日 9600m^3/s）；新乐水文站受上游王快水库泄流影响，7 月 29 日 12 时起涨，8 月 2 日 11 时 40 分洪峰流量 678m^3/s。

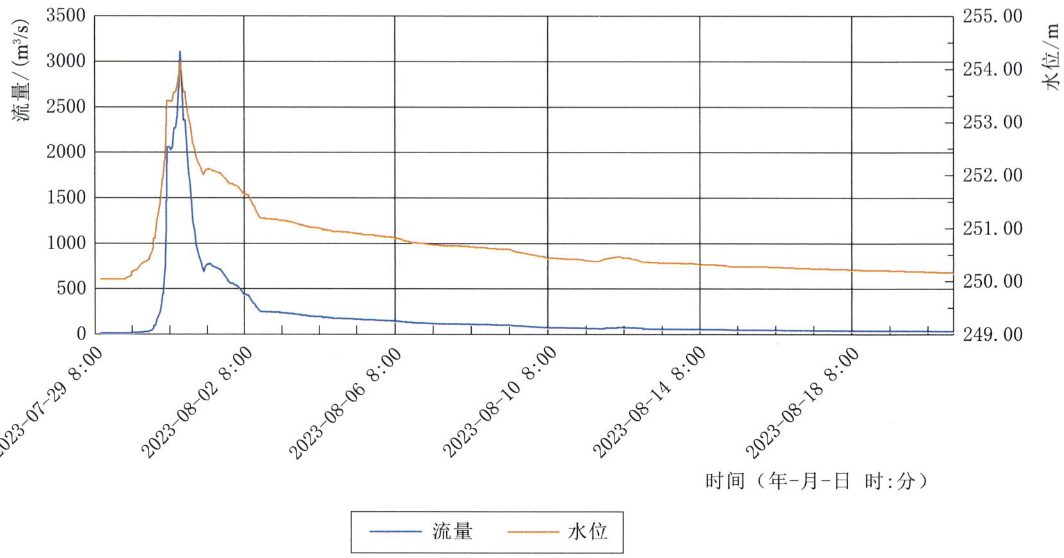

图 3.28 沙河阜平水文站洪水过程

潴龙河北郭村水文站 8 月 1 日 16 时 25 分由干枯河道开始涨水，8 月 3 日 20 时洪峰流量 576m^3/s，8 月 10 日 17 时进入白洋淀最大流量（羊角淀入口处）62.6m^3/s。唐河中唐梅水文站 7 月 31 日 13 时洪峰水位 9.94m，洪峰流量 2330m^3/s，列 1959 年有实测资料以来第 3 位（历史极值为 1963 年 8 月 8 日 5400m^3/s），洪水过程见图 3.29；西大洋水库 7 月 31 日 15 时入库洪峰流量 2440m^3/s，列 1956 年有实测资料以来第 5 位（历史极值为 1963 年 8 月 8 日 7940m^3/s）。

漕河龙门水库 7 月 31 日 2 时入库洪峰流量 1250m^3/s，8 月 1 日 8 时 59 分下泄流量达 467m^3/s；漕河水文站 8 月 2 日 9 时 53 分洪峰流量 272m^3/s。

2）大清河北支。大清河北支产生较大洪水的河流有拒马河、南拒马河、中易水、大石河、白沟河等。

拒马河紫荆关水文站 7 月 30 日 16 时起涨，8 月 1 日 6 时洪峰水位 520.21m，洪峰流量 2030m^3/s，列 1950 年有实测资料以来第 4 位（历史极值为 1963 年 8 月 8 日 4490m^3/s）。都衙水文站 7 月 30 日 7 时起涨，7 月 31 日 16 时 45 分洪峰水位 225.37m，7 月 31 日 19 时洪峰流量 6380m^3/s，为 2015 年有实测资料以来最大值；紫荆关至都衙洪水传播时间约 8.5h。张坊水文站 7 月 29 日 8 时起涨，7 月 31 日 22 时 20 分洪峰水位 109.28m，洪峰流量 7330m^3/s，列 1952 年有实测资料以来第 2 位

(历史极值为 1963 年 8 月 8 日 9920m^3/s),洪水过程见图 3.30;都衙至张坊洪水传播时间约 3.5h。

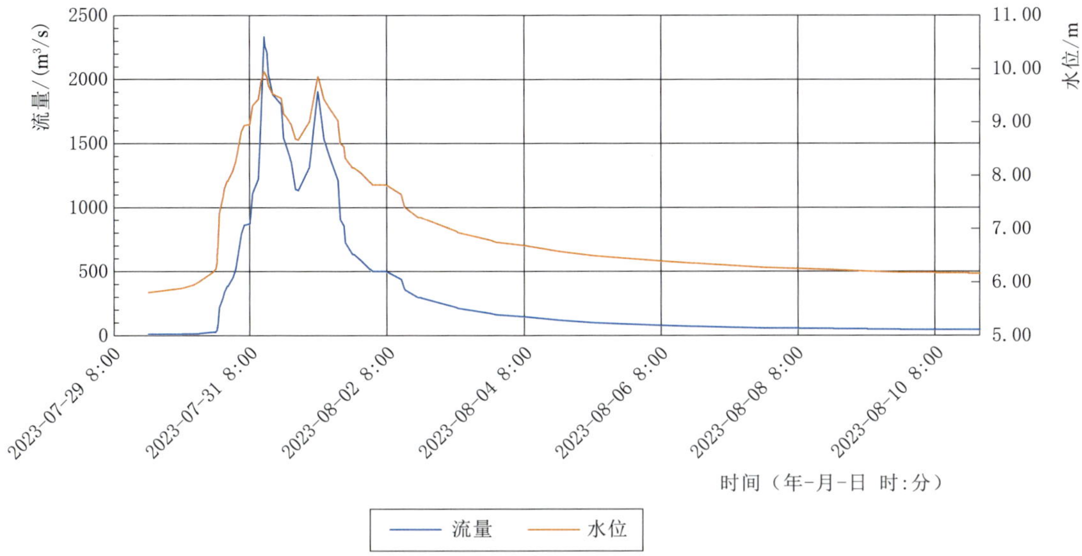

图 3.29 唐河中唐梅水文站洪水过程

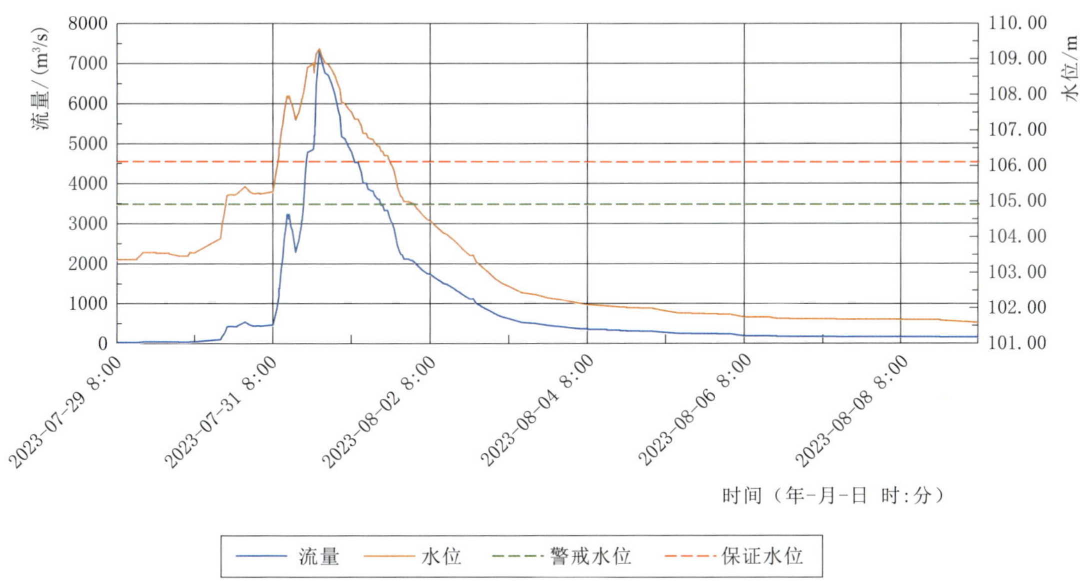

图 3.30 拒马河张坊水文站洪水过程

南拒马河落宝滩水文站 7 月 31 日 13 时 18 分洪峰水位 95.82m,7 月 31 日 22 时 48 分洪峰流量 2000m^3/s,列 1954 年有实测资料以来第 2 位(历史极值为 1963 年 8 月 8 日 3200m^3/s)。北河店水文站 7 月 30 日 12 时 30 分起涨,8 月 1 日 16 时洪峰水位 24.06m,洪峰流量 2120m^3/s,列 1950 年以来第 3 位(历史极值为 1963 年 8 月 8 日 4770m^3/s),洪水过程见图 3.31。

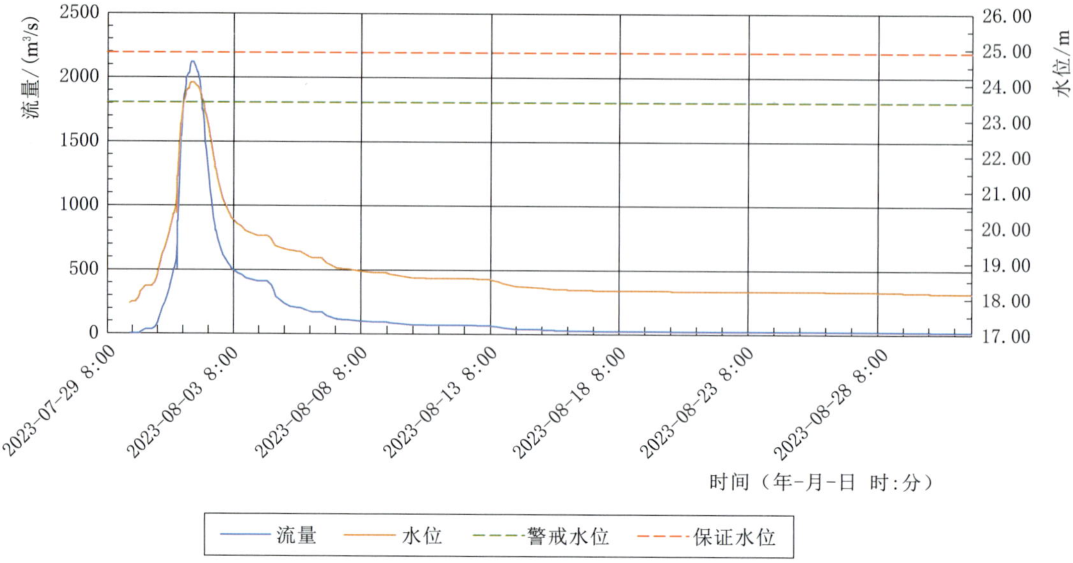

图 3.31　南拒马河北河店水文站洪水过程

南拒马河与北拒马河洪峰流量分流比接近于 3∶7。

中易水安格庄水库 7 月 30 日 6 时起涨，8 月 1 日 1 时入库洪峰流量 1970m^3/s，列 1960 年有实测资料以来第 3 位（历史极值为 1963 年 8 月 8 日 6360m^3/s），8 月 1 日 9 时最大下泄流量 616m^3/s。大石河漫水河水文站 7 月 30 日 14 时 30 分起涨，7 月 31 日 11 时 20 分洪峰流量 5300m^3/s，为 1951 年有实测资料以来最大值（超 200 年一遇），洪水过程见图 3.32。

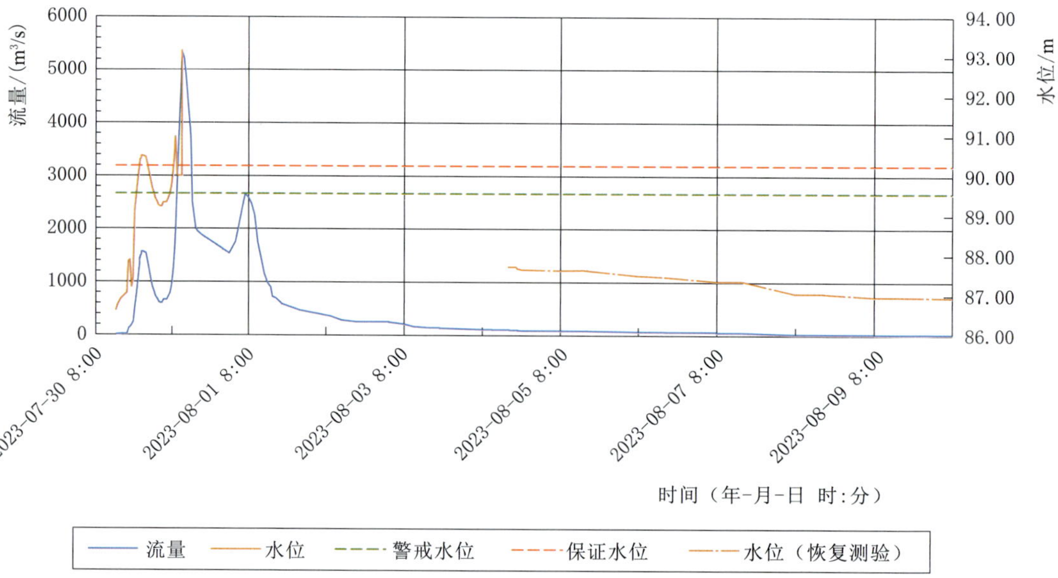

图 3.32　大石河漫水河水文站洪水过程

白沟河东茨村水文站7月29日22时起涨，8月1日22时洪峰水位29.14m，洪峰流量2790m^3/s，列1950年有实测资料以来第2位（历史极值为1956年8月5日2870m^3/s），洪水过程见图3.33。张坊至东茨村洪水传播时间22～25h。

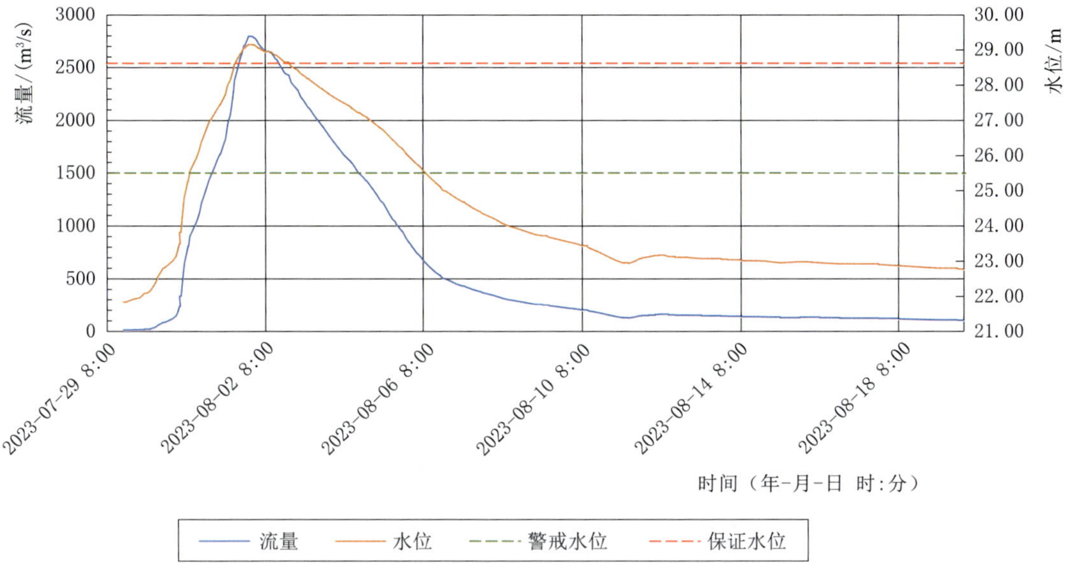

图3.33 白沟河东茨村水文站洪水过程

7月31日2时33分白沟引河闸闭闸，洪水通过新盖房分洪道下泄，8月2日8时洪峰流量2790m^3/s，为1970年有实测资料以来最大值，洪水过程见图3.34。白沟河东茨村至新盖房枢纽洪水传播时间8～10h，南拒马河北河店至新盖房枢纽洪水传播时间5～8h。

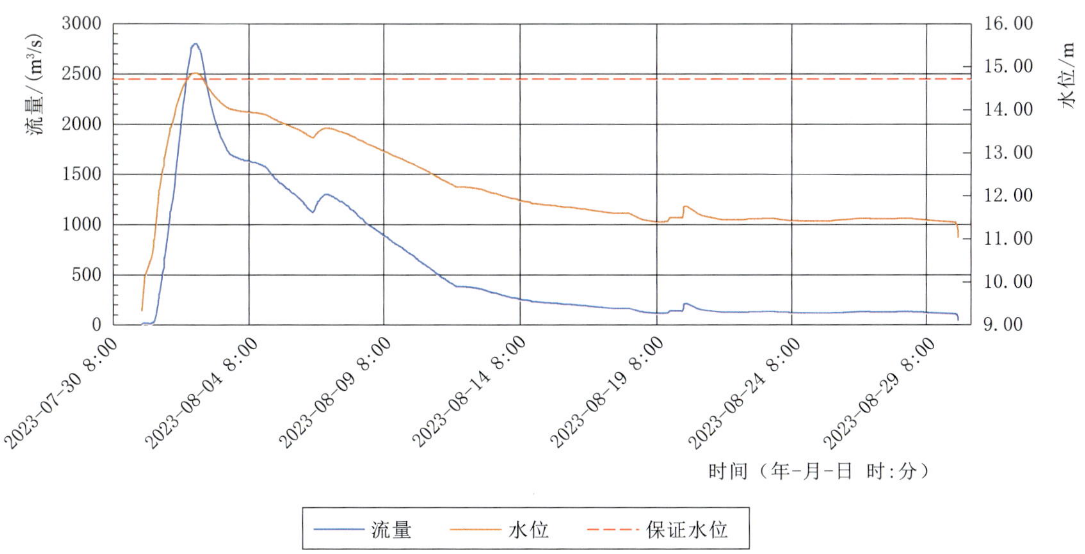

图3.34 新盖房分洪道洪水下泄过程

(3) 子牙河系。子牙河系降水过程集中在 7 月 28—29 日，暴雨洪水具有雨量大、洪峰高的特点，暴雨中心位于岗南—黄壁庄水库区间和滏阳河上游。

1) 滏阳河。滏阳河上游支流较多，各支流均出现不同程度的涨水过程。产生较大洪水的河流有洺河、沙河、泜河、槐河等。

洺河临洺关水文站 7 月 29 日 6 时起涨，7 月 31 日 6 时 20 分洪峰流量 1200m³/s，洪水过程见图 3.35。

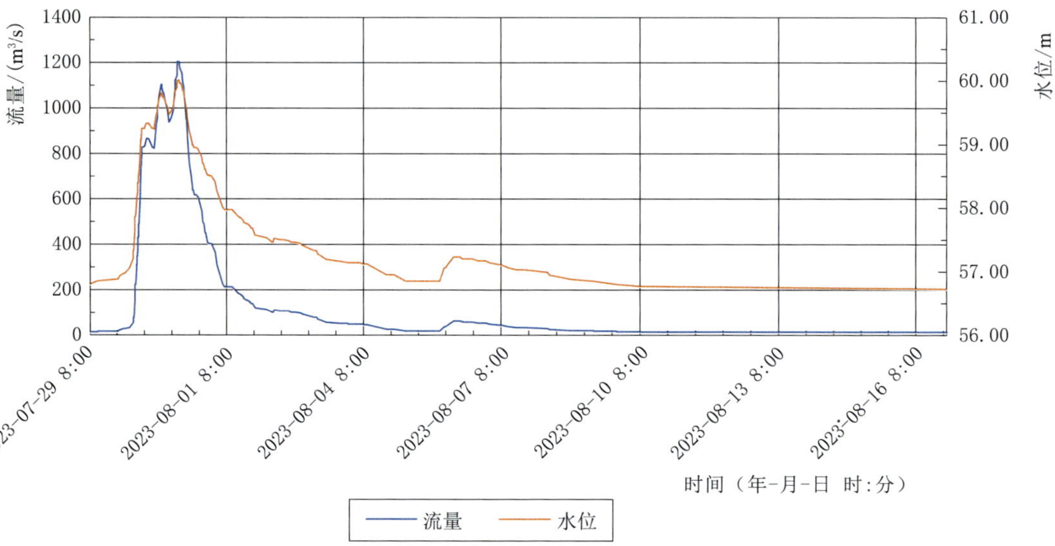

图 3.35　洺河临洺关水文站洪水过程

沙河朱庄水库 7 月 29 日 19 时起涨，7 月 31 日 2 时 30 分入库洪峰流量 7900m³/s（100 年一遇入库洪峰流量为 7706m³/s），列 1975 年有实测资料以来第 2 位（历史极值为 1996 年 8 月 4 日 9760m³/s），7 月 31 日 3 时 12 分最大出库流量 5000m³/s；沙河下游端庄水文站 7 月 29 日 23 时起涨，7 月 31 日 10 时 55 分洪峰流量 4980m³/s，洪水过程见图 3.36。

泜河临城水库 7 月 29 日 8 时起涨，7 月 31 日 4 时 30 分入库洪峰流量 1900m³/s，7 月 31 日 7 时 30 分最大出库流量 343m³/s。

槐河白草坪水库 7 月 29 日 15 时起涨，7 月 31 日 4 时入库洪峰流量 1730m³/s，7 月 31 日 4 时最大出库流量 1330m³/s。

2) 滹沱河。滹沱河支流冶河上游产流较大，冶河支流松溪河泉口水文站 7 月 30 日 18 时洪峰流量 4040m³/s，列 1976 年有实测资料以来第 2 位（历史极值为 1996 年 8 月 4 日 4100m³/s）。冶河微水水文站 7 月 31 日 6 时 46 分洪峰流量 5980m³/s，列 1955 年有实测资料以来第 6 位（历史极值为 1996 年 8 月 4 日 12200m³/s）；平山水文站 7 月 31 日 7 时洪峰流量 6520m³/s，列 1953 年有实测资料以来第 6 位（历史极值为 1996 年 8 月 4 日 13000m³/s），洪水过程见图 3.37。微水至平山洪水传播时间约 9h。

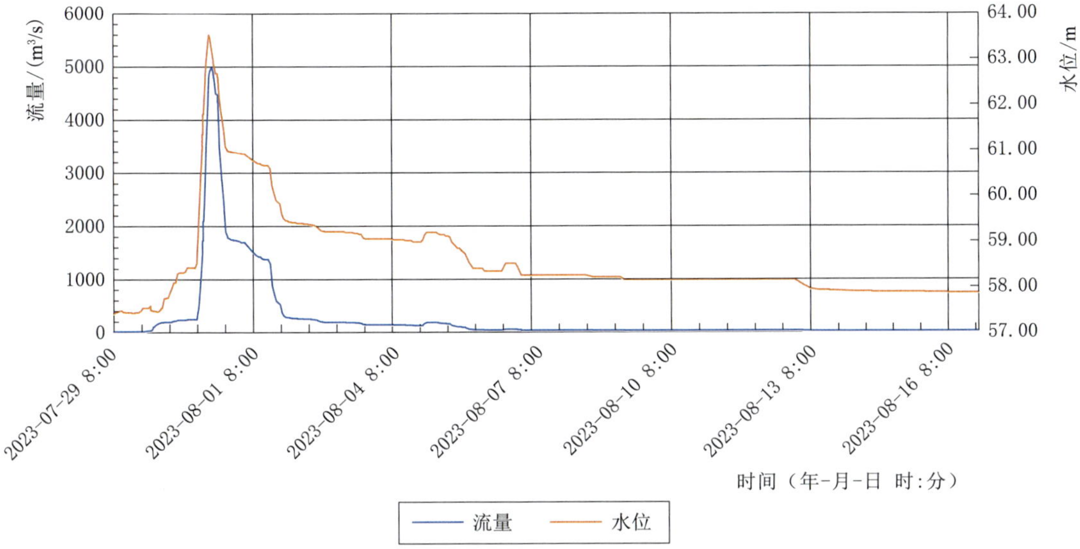

图 3.36 沙河端庄水文站洪水过程

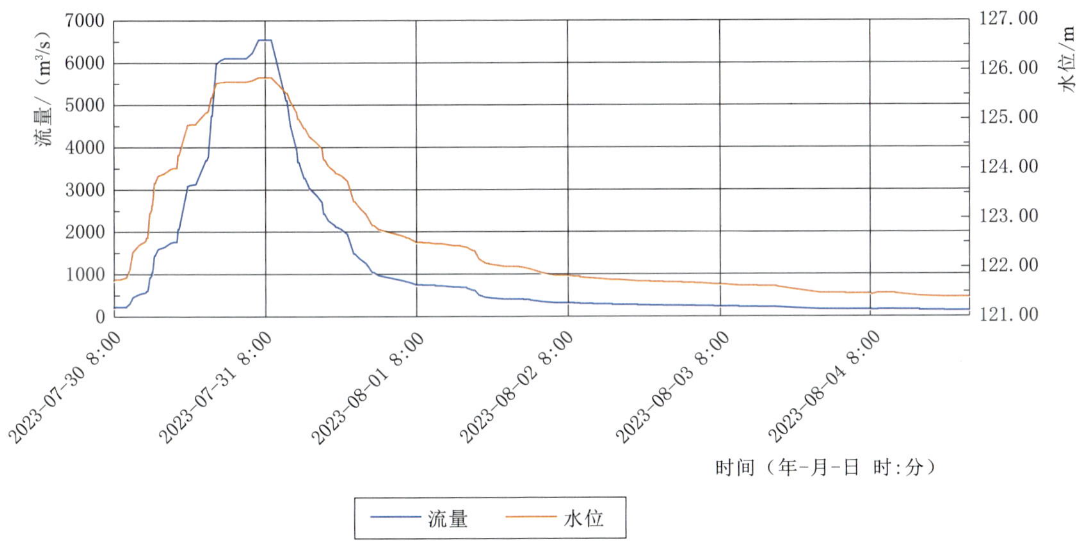

图 3.37 冶河平山水文站洪水过程

滹沱河小觉水文站 7 月 30 日 6 时起涨，7 月 31 日 8 时 36 分洪峰流量 771m^3/s；岗南水库 7 月 29 日 20 时起涨，7 月 31 日 11 时入库洪峰流量 2250m^3/s，8 月 6 日 9 时 30 分最大出库流量 208m^3/s；黄壁庄水库 7 月 29 日 12 时起涨，7 月 31 日 7 时入库洪峰流量 6250m^3/s，列 1959 年有实测资料以来第 5 位（历史极值为 1996 年 8 月 4 日 13600m^3/s），7 月 31 日 6 时最大下泄流量 1550m^3/s。滹沱河北中山水文站 8 月 1 日 7 时洪峰流量 1170m^3/s，列 1956 年以来第 5 位（历史极值为 1956 年 8 月 5 日 6150m^3/s），洪水过程见图 3.38。黄壁庄水库至北中山洪水传播时间 20～25h。献县泛区于 8 月 1 日 11 时启用，8 月底完成退水。

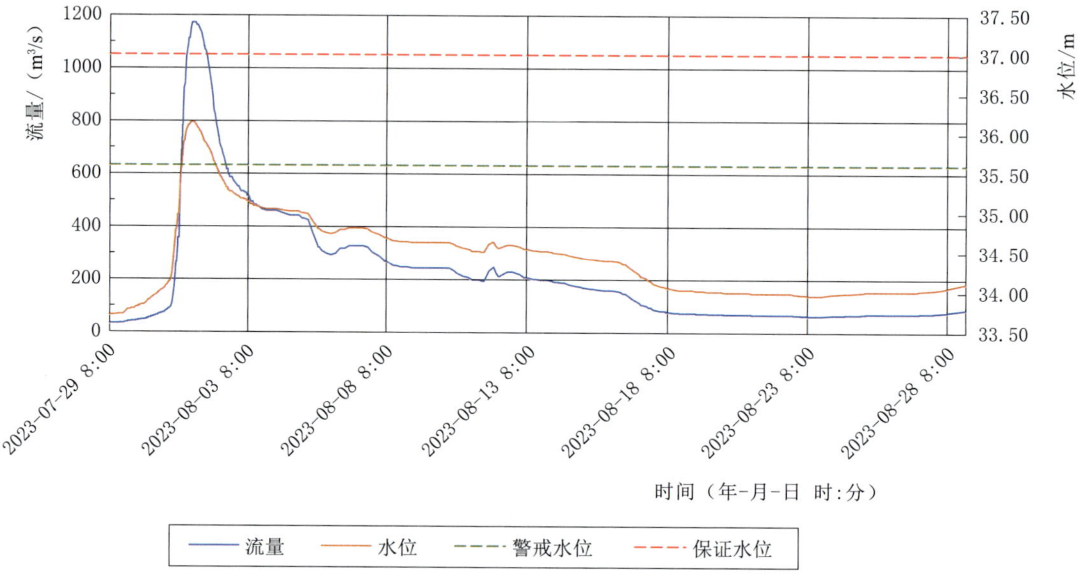

图 3.38　滹沱河北中山水文站洪水过程

3）子牙新河。滏阳河与滹沱河洪水汇合后，经献县枢纽由子牙河、子牙新河分泄入海。子牙新河献县水文站 7 月 28 日 8 时开始涨水，8 月 6 日 19 时 18 分洪峰流量 452m^3/s。

（4）北三河系。北三河系降水主要集中在 7 月 30—31 日，暴雨中心位于北运河中上游，北运河、潮白河出现明显涨水过程。北运河上游温榆河十三陵水库 8 月 1 日 5 时入库洪峰流量 886m^3/s，为 1971 年有实测资料以来最大值。北关枢纽 8 月 1 日 0 时最大下泄流量 1140m^3/s，拦河闸、分洪闸洪水过程见图 3.39、图 3.40。

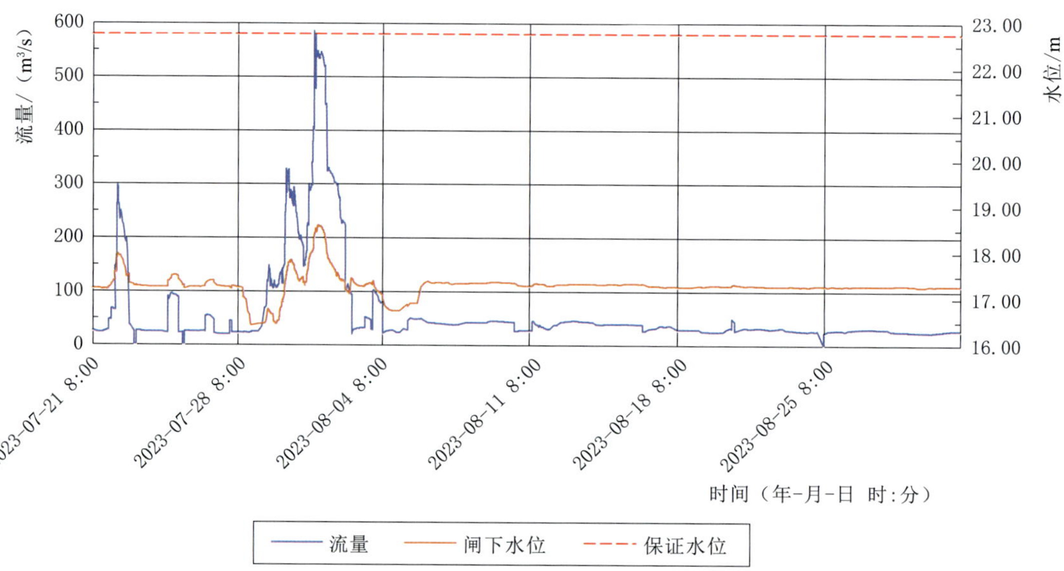

图 3.39　北运河北关拦河闸洪水过程

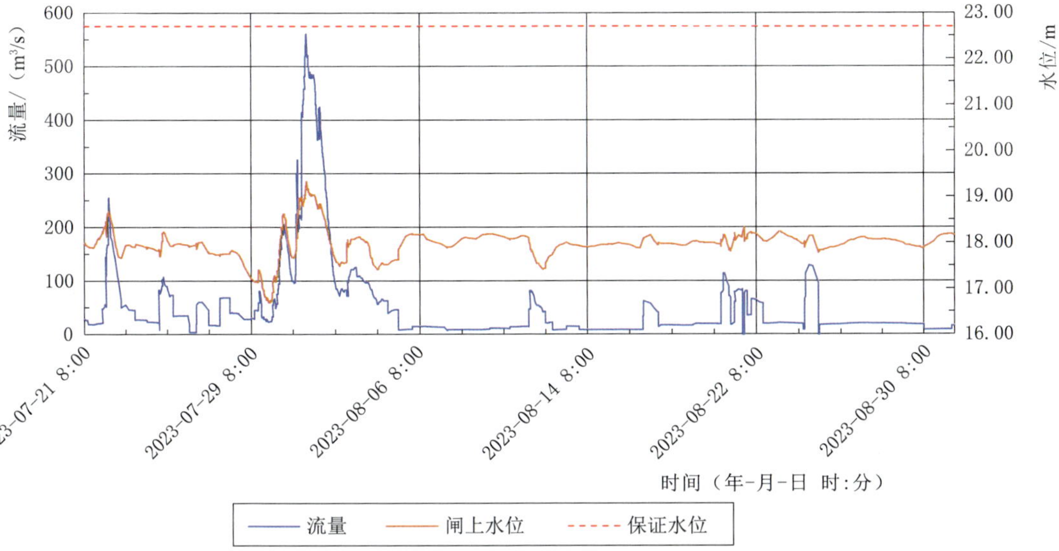

图 3.40 运潮减河北关分洪闸洪水过程

潮白河密云水库 8 月 1 日 15 时入库洪峰流量 1450m^3/s；怀柔水库 7 月 31 日 21 时入库洪峰流量 804m^3/s，为 1963 年以来最大值。

青龙湾减河土门楼水文站 7 月 28 日 16 时起涨，8 月 1 日 13 时 12 分最大流量 783m^3/s；潮白新河黄白桥水文站 7 月 30 日起涨，8 月 2 日 8 时洪峰流量 1070m^3/s。

（5）漳卫河系。漳卫河系降水主要集中在 7 月 28—29 日，暴雨中心位于卫河支流淇河附近，漳河支流清漳河、卫河支流淇河出现明显涨水过程。清漳河芹泉水文站 7 月 31 日 2 时 3 分洪峰流量 1700m^3/s；泽城西安水电站 7 月 31 日 8 时入库洪峰流量 1080m^3/s；刘家庄水文站 7 月 29 日 12 时起涨，7 月 31 日 9 时 32 分洪峰流量 800m^3/s；匡门口水文站 7 月 29 日 6 时起涨，7 月 31 日 11 时 42 分洪峰流量 732m^3/s。浊漳河天桥断水文站 7 月 29 日 18 时起涨，7 月 30 日 14 时洪峰流量 230m^3/s。漳河观台水文站 7 月 29 日 21 时开始起涨，7 月 30 日 22 时洪峰流量 987m^3/s，洪水过程见图 3.41；岳城水库 7 月 29 日 16 时开始泄洪，出库流量 80.8m^3/s，7 月 30 日 22 时入库洪峰流量 1000m^3/s，8 月 3 日 15 时最大出库流量 200m^3/s；蔡小庄水文站 7 月 31 日 14 时起涨，8 月 6 日 10 时洪峰流量 170m^3/s。

卫河共产主义渠刘庄闸 8 月 1 日 15 时下泄流量 255m^3/s，共渠西蓄滞洪区漫溢启用，8 月 3 日 6 时实测洪峰流量 323m^3/s。在上游盘石头水库控泄 200m^3/s 条件下，卫河元村水文站 8 月 2 日 8 时洪峰流量 706m^3/s，洪水过程见图 3.42。

漳河、卫河汇合后，卫运河南陶水文站 8 月 3 日 12 时洪峰水位 40.30m，洪峰流量 805m^3/s。卫运河洪水经四女寺枢纽由漳卫新河入海。

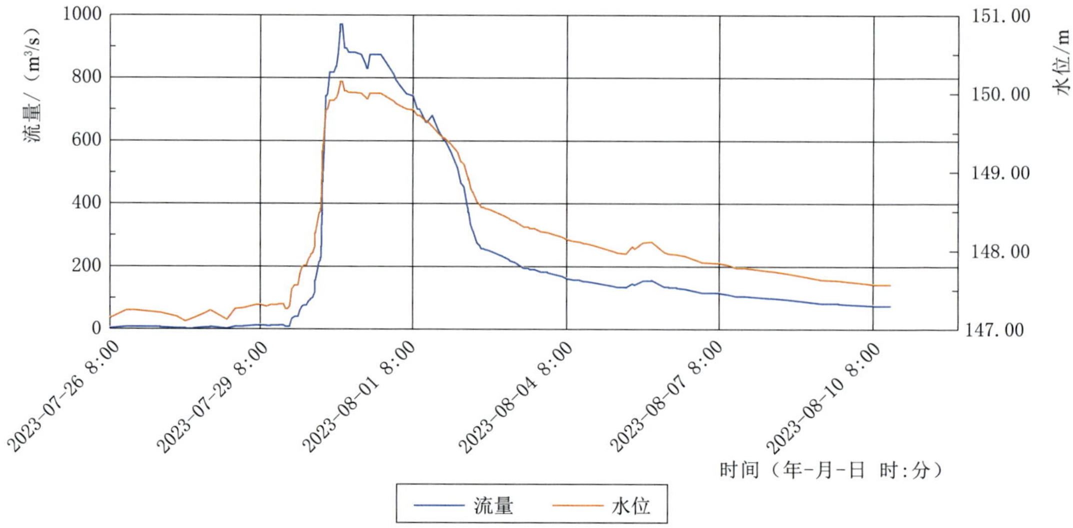

图 3.41　漳河观台水文站洪水过程

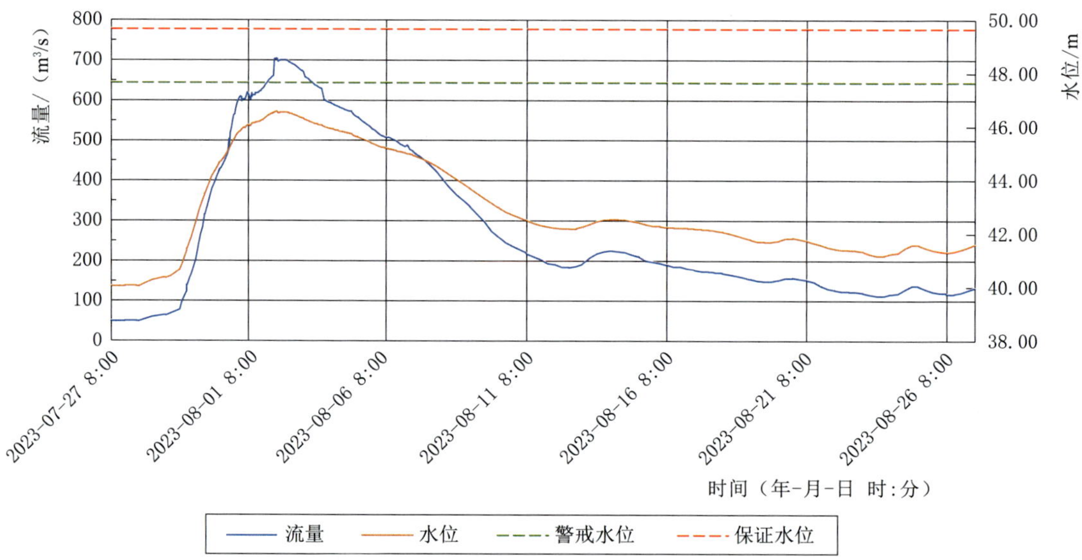

图 3.42　卫河元村水文站洪水过程

3.3　洪水组成

洪水总量分析计算主要包括三部分：一是水库的蓄变增量，二是主要河道控制站过流量，三是未控区采用模型法或径流系数法计算水量。其中，水库拦蓄洪量和入海水量计算主要采用控制站的资料进行分析，蒸散发量基于遥感估算，下渗及损失量利用水量平衡推算。

此次过程海河全流域形成洪水总量约 102.33 亿 m^3。综合分析各水文站的洪水过程，各河系上游主要控制站基本在8月21日退水结束，因此将洪水总量统计时段确定为7月28日8时至8月21日8时，共计24d。从各河系洪水组成来看，大清河、子牙河两河系洪量占洪水总量67.61%，海河“23·7”洪水总量组成见表3.5。

表3.5　　海河“23·7”洪水总量组成

河　系	洪量/亿 m^3	洪量占比
滦河	3.58	3.50%
北三河	8.17	7.98%
永定河	5.36	5.24%
大清河	42.01	41.05%
子牙河	27.18	26.56%
漳卫河	12.82	12.53%
徒骇马颊河	3.21	3.14%
全流域	102.33	100.00%

永定河洪水主要由永定河官厅水库以上、官厅山峡区间、三家店—卢沟桥区间以及平原区等洪水组成，洪量5.36亿 m^3。

大清河洪水主要由大清河北支、南支及清南、清北平原洪水组成，洪量42.01亿 m^3。

子牙河洪水主要由滹沱河、滏阳河及黄壁庄、艾辛庄以下平原区洪水组成，洪量27.18亿 m^3。

北三河洪水主要由北运河、潮白河及蓟运河洪水组成，洪量8.17亿 m^3。

漳卫河洪水主要由漳河、卫河及平原区洪水组成，洪量12.82亿 m^3。

滦河洪水主要由潘家口水库以上、潘大区间（潘家口水库—大黑汀水库区间）、桃林口水库以上、大桃滦区间（大黑汀水库、桃林口水库至滦县区间）以及冀东沿海诸河洪水组成，洪量3.58亿 m^3。

徒骇马颊河洪水主要由徒骇河堡集闸、马颊河大道王闸及德惠新河白鹤观闸以上洪水组成，洪量3.21亿 m^3。

海河“23·7”洪水期间各河系代表区间洪量计算成果见表3.6。

表3.6　　海河“23·7”洪水期间各河系代表区间洪量计算成果　　单位：亿 m^3

河系	各河系洪量	区　　间	洪量
合计	102.33		102.33
漳卫河	12.82	岳城水库以上	3.87
		元村以上	7.94
		岳城水库、元村至南陶漳卫河平原区	0.39
		小型水库及平原水库	0.62

续表

河系	各河系洪量	区　　间	洪量
子牙河	27.18	黄壁庄水库以上	12.67
		艾辛庄以上	11.22
		黄壁庄水库、艾辛庄以下平原区（含黑龙港运东地区）	3.07
		小型水库及平原洼地	0.22
大清河	42.01	北支新盖房以上	20.39
		南支白洋淀以上	19.72
		清南平原	0.88
		清北平原	1.01
		小型水库	0.01
北三河	8.17	潮白河	2.20
		蓟运河	1.48
		北运河	3.83
		小型水库及平原水库	0.66
永定河	5.36	官厅水库及以上	1.08
		官厅水库—三家店区间	2.81
		三家店—卢沟桥区间	0.48
		卢沟桥—固安区间	0.86
		龙河北昌以上	0.07
		小型水库	0.06
滦河	2.66	潘家口水库以上	0.72
		潘家口水库—大黑汀水库区间	0.72
		桃林口水库以上	0.42
		大黑汀水库、桃林口水库至滦县区间	0.72
		小型水库	0.08
冀东沿海	0.92	秦皇岛沿海	0.79
		唐山沿海	0.13
徒骇马颊河	3.21	马颊河	1.67
		徒骇河	0.57
		德惠新河	0.97

3.4 入海水量

海河“23·7”洪水入海水量采用各河系9处入海控制站实测资料计算，流域入海水量总计62.67亿m^3（表3.7）。其中滦河、北三河、永定河、漳卫河、徒骇马颊河河系计算时段7月28日至8月21日，大清河、子牙河系计算时段7月28日至10月1日。

表3.7 海河流域入海水量统计 单位：亿m^3

河　系	入海控制站	洪量	计算时段
滦河	滦县	0.79	7月28日至8月21日
永定河、北三河	永定新河防潮闸	14.60	7月28日至8月21日
大清河	海河闸	0.81	7月28日至10月1日
	独流减河防潮闸	26.05	7月28日至10月1日
子牙河	周官屯	11.11	7月28日至10月1日
漳卫河	庆云闸	6.10	7月28日至8月21日
徒骇马颊河	大道王闸	1.67	7月28日至8月21日
	白鹤观闸	0.97	7月28日至8月21日
	堡集闸	0.57	7月28日至8月21日
合　计		62.67	

3.5 地下水资源量

采用京津冀平原区1637处地下水自动监测站数据分析地下水位动态，海河“23·7”暴雨期间及暴雨结束后2d（7月28日至8月3日）浅层地下水水位迅速回升，此后地下水水位呈缓慢回升态势，至8月底维持基本稳定。为此，本次海河“23·7”洪水对地下水影响分析时段采用7月28日至8月31日。京津冀平原区浅层地下水水位总体呈现以下特点：

（1）地下水水位回升幅度大，京津冀平原区平均回升1.48m。与强降水前（7月28日）对比，京津冀平原区浅层地下水水位平均回升1.48m；地下水水位日回升速率最大值在7月31日，为0.18m/d；地下水水位累计回升速率最大值在8月1日，为0.13m/d，京津冀平原区浅层地下水埋深变化见图3.43。

从水资源三级分区来看，大清河淀西平原、子牙河平原、北四河下游平原水位上升较大，分别为1.93m、1.85m、1.35m，见图3.44。水位增幅较大的点为河北省邢台市南和区郝桥站14.64m，邢台市内丘县河渠铺站13.28m，保定市徐水区南留村站10.67m。

（2）水位回升面积广，京津冀平原区近50%面积回升超过1.0m。京津冀平原区75%面积的浅层地下水水位回升超过0.5m，47.2%面积水位回升超过1m，20.2%面

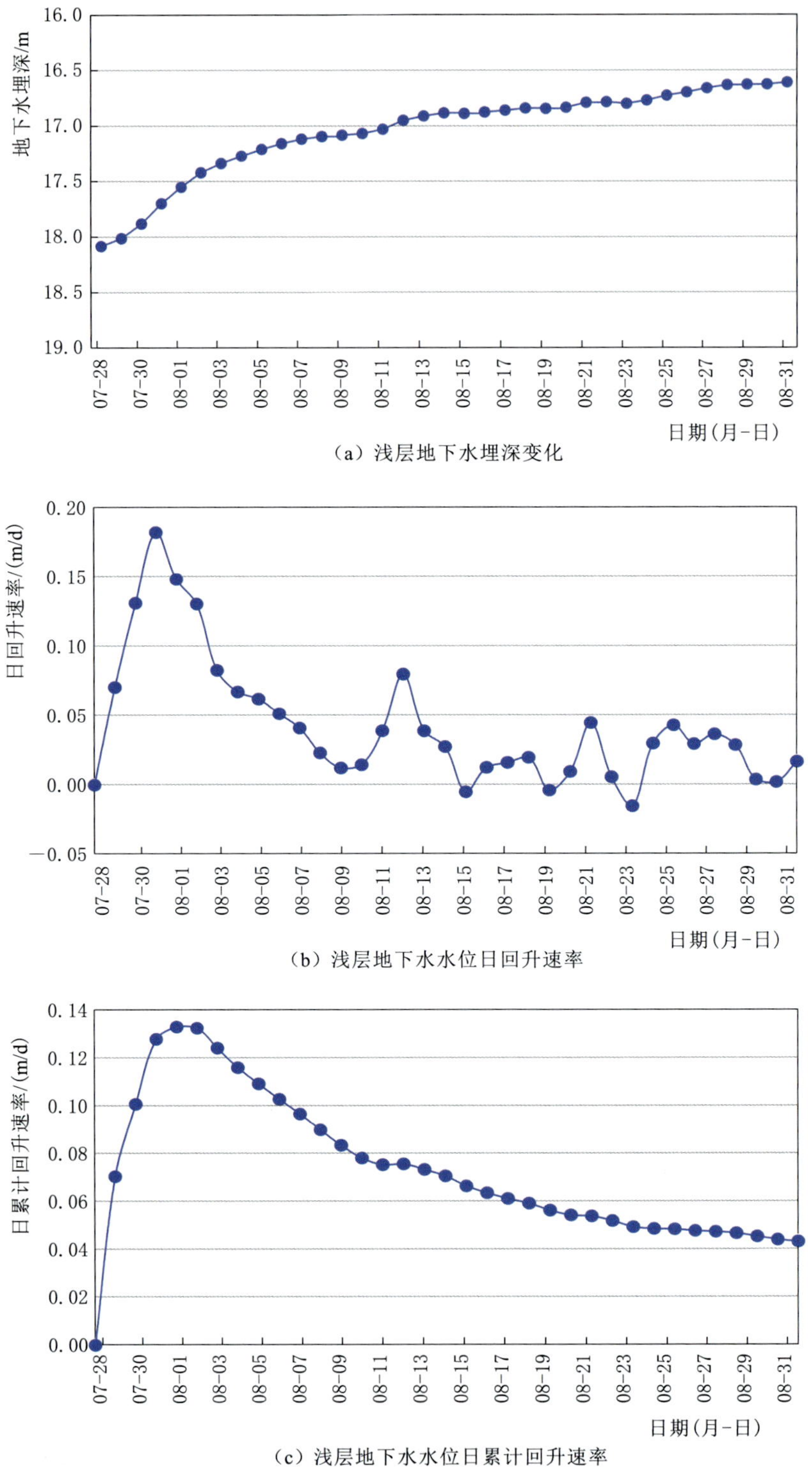

图 3.43　京津冀平原区浅层地下水埋深变化

积水位回升超过2m，9.6%面积水位回升超过3m，见表3.8。从空间上看，水位回升明显的区域主要集中在大清河淀西平原和子牙河平原。总体上太行山山前平原水位回升幅度较大，中东部平原水位回升幅度较小。

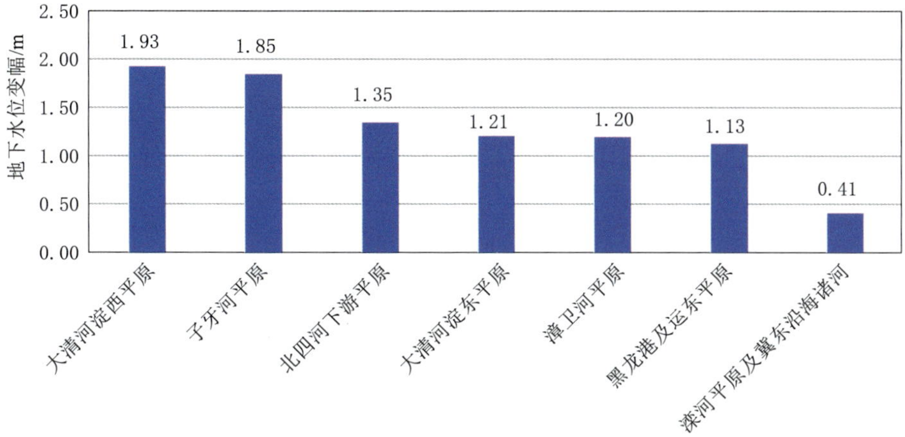

图3.44 京津冀平原区三级水资源分区浅层地下水水位变幅

表3.8 7月28日至8月31日水位回升的面积比例

水位回升	面积比例	水位回升	面积比例
>3m	9.6%	>1m	47.2%
>2m	20.2%	>0.5m	75.0%

另外，大陆泽、兰沟洼等蓄滞洪区浅层地下水水位平均回升超过5.0m。

（3）水位回升速度快，暴雨期间平均回升速率0.124m/d。7月以来，浅层地下水水位整体呈现波动变化—快速上升—缓慢回升的变化过程。7月28日之前，地下水水位上升和下降小幅交替变化；7月28日至8月3日，地下水水位迅速回升，平均回升速率为0.124m/d；8月3日之后，地下水水位维持缓慢回升态势，8月3—31日平均回升速率为0.026m/d。

本次调查在地下水位动态变化分析基础上，采用水资源评价方法，对降水入渗补给量、河道入渗补给量、蓄滞洪区入渗补给量、其他水体入渗补给量和山前侧向补给量进行了分析计算。7月28日至8月31日，海河“23·7”洪水形成的平原区地下水资源量为111.19亿m^3。

3.6 与历史洪水比较

3.6.1 洪峰流量比较

选取北三河系、永定河系、大清河系、子牙河系19处控制站洪峰流量进行统计分析，并与“56·8”“63·8”“96·8”“21·7”等历史洪水进行比较。洪峰流量位列前 3 的有 11 处，占比 58%，其中雁翅、固安、漫水河、新盖房等 4 处位列有实测资料以来第 1 位，卢沟桥、张坊、东茨村、王快水库、朱庄水库等 5 处位列有实测资料以来第 2 位，北河店等 1 处位列有实测资料以来第 3 位，见表 3.9。

表 3.9　　主要河系控制站洪峰流量与历史洪水对比成果　　单位：m^3/s

水系	河流	站名	“23·7”		“21·7”	“16·7”	“12·7”	“96·8”	“63·8”	历史最大值	
			洪峰流量	历史排位	洪峰流量	洪峰流量	洪峰流量	洪峰流量	洪峰流量	洪峰流量	出现时间
北三河	潮白河	密云水库	1450		2540		1290	1140	1000	3670	1994-07-13
	北运河	北关闸	1140	5	523	1260	1580	785	626	1670	1939-07-27
永定河	永定河	雁翅	1710	1	24.7	107	1.72	86.8	372	442	1967-09-03
	永定河	三家店	3500	4	131	334	155	90.9	800	5280	1924-07-13
	永定河	卢沟桥	4650	2	57.7	53	0	22.8	873	4920	1924-07-13
	永定河	固安	2370	1				73.5	565	2260	1956-08-04
大清河	拒马河	紫荆关	2030	4	95.2	54.7	2130	739	4490	4490	1963-08-08
	拒马河	张坊	7330	2	570	168	2800	1740	9920	9920	1963-08-08
	南拒马河	北河店	2120	3	168		118	1280	4770	4770	1963-08-08
	大石河	漫水河	5300	1	411	1450	1090	186	1280	1860	1956-08-03
	白沟河	东茨村	2790	2	320	276	379	851	2790	2870	1956-08-05
	白沟河	新盖房	2790	1	354	170	208	1160		1160	1996-08-06
	漕河	龙门水库	1250	4	169			577	3790	3790	1963-08-08
	唐河	西大洋水库	2440	5	219	133	312	1200	7940	7940	1963-08-08
	沙河	王快水库	3670	2	956	888	169	3180	9600	9600	1963-08-07
子牙河	滹沱河	岗南水库	2250	5	1530	4450	224	7020	3110	7020	1996-08-04
	滹沱河	黄壁庄水库	6250	5	630	8800	315	13600	9300	13600	1996-08-04
	沙河	朱庄水库	7900	2	1770	7780	155	9760		9760	1996-08-04
	洺河	临洺关	1200		2400	5780		3460	12300	12300	1963-08-06

3.6.2　洪量比较

海河“23·7”洪水过程形成洪水总量 102.33 亿 m^3，超过“96·8”洪水总量（101.69 亿 m^3），约为“63·8”洪水总量（301.29 亿 m^3）的 30%。其中大清河系洪量为 42.01 亿 m^3，较“96·8”洪量（31.24 亿 m^3）大 34%，约为“63·8”洪量（88.47 亿 m^3）的 47%。大清河北支新盖房以上区域洪量 20.39 亿 m^3，较“96·8”洪量（11.38 亿 m^3）大 79%，较“63·8”洪量（18 亿 m^3）大 13%。主要河系控制站洪量与历史洪水对比成果见表 3.10。

表 3.10 主要河系控制站洪量与历史洪水对比成果

河系	河名	站名或区间	1924年			1939年	1954年			1956年	1963年				1996年			2021年	2023年
			7月	8月	合计	7—8月	7月	8月	合计	8月	8月	9月	8—9月	次洪量	8月	9月	合计	7月	次洪量
永定河	官厅以上	官厅水库	—	—	—	12.07 (15d)	—	—	3.51 (15d)	4.8 (15d)	—	—	—	1.3 (15d)	—	—	1.538 (15d)	—	1.08
永定河	官厅山峡	卢沟桥	—	—	8.66 (15d)	16.063 (15d)	—	—	4.622 (15d)	8.49 (15d)	—	—	—	2.132 (15d)	—	—	1.638 (15d)	—	3.29 (15d)
永定河		平原地区及小型水库	—	—	—	—	—	—	—	—	—	—	—	—	—	—	—	—	0.99
永定河		小计	—	—	—	—	—	—	—	—	—	—	—	—	—	—	—	—	5.36
大清河	北支	新盖房以上	16.44	25.65	42.09	30	8.65	17.45	26.1	23.7	18	1.38	19.38	15.39	11.38	2.5	13.88	—	20.39
大清河	南支	白洋淀以上	22	19.44	41.44	45	18.74	32.49	51.23	33.73	64.78	6	70.78	59.95	17.27	3.03	20.3	—	19.72
大清河		平原地区及小型水库	0.85	0.9	1.75	—	1.42	2.33	3.75	1.22	5.69	0	5.69	5.4	2.59	0	2.59	—	1.90
大清河		小计	39.29	45.99	85.28	75	28.81	52.27	81.08	58.65	88.47	7.38	95.85	80.74	31.24	5.53	36.77	7.15	42.01
子牙河	滹沱河	黄壁庄以上	7.32	5.47	12.79	30	11.53	18.54	30.07	29.98	31.86	3	34.86	29.36	25.75	3.38	29.13	—	12.67
子牙河	滏阳河	艾辛庄以上	17.33	10.84	28.17	26	6.97	18.42	25.39	26.01	85.23	2.51	87.74	79.09	20.4	0.91	21.31	—	11.22
子牙河		平原地区及小型水库	2.82	1.35	4.17	—	1.15	3.05	4.2	3.02	31.29	0	31.29	28.61	3.03	0	3.03	—	3.29
子牙河		小计	27.47	17.66	45.13	56	19.65	40.01	59.66	59.01	148.38	5.51	153.89	137.06	49.18	4.29	53.47	12.02	27.18
合计			66.76	63.65	130.41	131	48.46	92.28	140.74	117.66	236.85	12.89	249.74	217.8	80.42	9.82	90.24	19.17	74.55

3.7　洪水量级

3.7.1　代表站选取

依据《全国流域性洪水划分规定（试行）》，确定以下代表站开展河系洪水量级分析。

永定河：代表站为官厅水库站、三家店（卢沟桥）站。

大清河：代表站为北支新盖房站、南支白洋淀十方院站。

子牙河：代表站为滹沱河黄壁庄水库站、滏阳河艾辛庄站。

北三河：代表站为潮白河密云水库站、北运河北关枢纽站、蓟运河于桥水库站。

漳卫河：代表站为漳河岳城水库站、卫河元村站。

3.7.2　洪水量级分析判定

依据《全国流域性洪水划分规定（试行）》规定，海河流域性洪水主要依据北三河、永定河、大清河、子牙河、漳卫河等 5 个河系洪水组合进行判定，当有 3 个河系同期发生超警或编号洪水，可识别为流域性洪水。当有 3 个河系同期发生较大洪水，其中 2 个河系发生特大洪水，可识别为流域性特大洪水；当有 3 个河系同期发生较大洪水，其中 2 个河系发生大洪水，可识别为流域性大洪水；当有 3 个河系同期发生较大洪水，可识别为流域性较大洪水。

考虑海河流域洪水发生频率，海河流域河系代表站特大洪水重现期为大于等于 50 年；大洪水重现期为小于 50 年，大于等于 20 年；较大洪水重现期为大于等于 5 年。

（1）永定河系。永定河系代表站为永定河官厅水库站和三家店（卢沟桥）站。有 1 个代表站发生特大洪水，可识别为特大洪水；有 1 个代表站发生大洪水，可识别为大洪水；有 1 个代表站发生较大洪水，可识别为较大洪水。

海河“23・7”洪水，永定河系卢沟桥枢纽过闸最大流量 4650m^3/s，重现期超 50 年（4330m^3/s）；官厅水库以上各河流洪峰流量相对较小，官厅水库还原洪峰流量 1030m^3/s，重现期不足 5 年（1860m^3/s）。据此判定永定河系重现期超 50 年，确定为发生特大洪水。

（2）大清河系。大清河系代表站为新盖房站和十方院站。有 1 个代表站发生特大洪水，可识别为特大洪水；有 1 个代表站发生大洪水，可识别为大洪水；有 1 个代表站发生较大洪水，可识别为较大洪水。

海河“23・7”洪水，大清河系北支新盖房站还原洪峰流量 5690m^3/s，重现期超

50年（5370m^3/s），最大3d洪量13.03亿m^3，重现期超50年（10.15亿m^3），接近100年（13.20亿m^3）；大清河南支白洋淀（十方院）站还原最大3d入淀洪量分别为9.04亿m^3，重现期超10年（8.03亿m^3）。据此判定大清河系重现期超50年，确定为发生特大洪水。

（3）子牙河系。子牙河系代表站为滹沱河黄壁庄水库站和滏阳河艾辛庄站。有1个代表站发生特大洪水，可识别为特大洪水；有1个代表站发生大洪水，可识别为大洪水；有1个代表站发生较大洪水，可识别为较大洪水。

海河“23·7”洪水，子牙河系滹沱河黄壁庄水库站还原入库洪峰流量9010m^3/s，重现期超20年（8760m^3/s）；滏阳河艾辛庄站还原最大6d洪量11.76亿m^3，重现期超5年（5.56亿m^3），接近10年（12.27亿m^3）。据此判定子牙河系重现期超20年，确定为发生大洪水。

（4）北三河系。北三河系代表站为蓟运河于桥水库站、潮白河密云水库站、北运河北关枢纽站。有2个代表站发生较大洪水，其中1个代表站发生特大洪水，可识别为特大洪水；有2个代表站发生较大洪水，其中1个代表站发生大洪水，可识别为大洪水；2个代表站发生较大洪水，可识别为较大洪水。

海河“23·7”洪水，北三河系潮白河密云水库站实测入库洪峰流量2170m^3/s，重现期超5年（2010m^3/s）；北运河北关枢纽站实测洪峰流量1140m^3/s，重现期超10年（1080m^3/s）；蓟运河于桥水库来水较小，重现期不足5年（1480m^3/s）。据此判定北三河系重现期超5年，确定为发生较大洪水。

（5）漳卫河系。漳卫河系代表站为漳河岳城水库和卫河元村站。有1个代表站发生特大洪水，可识别为特大洪水；有1个代表站发生大洪水，可识别为大洪水；有1个代表站发生较大洪水，可识别为较大洪水。

海河“23·7”洪水，漳卫河系漳河岳城水库实测入库洪峰流量1000m^3/s，重现期不足3年（2090m^3/s）；卫河元村站还原最大5d洪量为3.77亿m^3，重现期超5年（3.65亿m^3），不足10年（6.52亿m^3）。据此判定漳卫河系重现期超5年，确定为发生较大洪水。

综上，海河流域永定河、大清河、子牙河、北三河、漳卫河等5个河系同期发生较大及以上洪水，其中大清河和永定河2个河系发生特大洪水，据此判定本次洪水为流域性特大洪水。

3.8 小结

（1）洪水调查选取受洪水影响较大的58处水文站、冲淤变化较大的449处新增调查断面及20余处蓄滞洪区分水口门，开展了洪痕刻画及高程测量、大断面测量等，计算复核的洪峰流量和洪水总量基本反映了实际发生的洪水过程。

（2）海河“23·7”暴雨总量 494 亿 m^3，形成洪水总量 102.33 亿 m^3。从各河系洪水组成来看，大清河、子牙河 2 个河系洪水总量占流域洪水总量的 67.61%。

（3）北三河系、永定河系、大清河系、子牙河系 19 处主要控制站中有 11 处洪峰流量位列有实测资料以来前 3 位。暴雨中心区域永定河官厅山峡区间径流系数约 0.30，大清河北支张坊水文站径流系数约 0.40，均超过“96·8”及“63·8”洪水。

（4）永定河、大清河、子牙河、北三河、漳卫河等 5 个河系同期发生较大及以上洪水，其中大清河、永定河 2 个河系发生特大洪水。据此判定本次洪水为流域性特大洪水。

第4章

防洪工程运用及成效

海河“23·7”洪水期间，各类防洪工程发挥了显著作用，本章针对永定河、大清河、子牙河、北三河等主要河系，介绍重点水库、水闸枢纽和蓄滞洪区运用过程，简要分析防洪工程运用及成效。

4.1 永定河系

（1）水库。永定河系暴雨洪水主要发生在官厅水库以下，官厅水库上游来水较小，水库关闸拦蓄洪水，累计拦蓄洪量 0.73 亿 m^3，特别是 2023 年 7 月 31 日至 8 月 1 日强降水期间关闸错峰，削减洪峰流量 355m^3/s，削峰率 100%，有效减轻了下游防洪压力。关键时刻永定河支流清水河斋堂水库错峰调度，在洪峰来临时下泄流量始终控制在 150m^3/s 以下，为下游群众紧急转移错峰 3h，充分发挥拦洪效益。永定河系部分水库拦洪效果统计见表 4.1。

表 4.1 永定河系部分水库拦洪效果统计

水库	入库洪水起讫时间（月-日—月-日）	最高水位/m	相应蓄量/亿 m^3	最大拦蓄洪量/亿 m^3	入库洪峰流量		最大出库流量		削减洪峰流量/(m^3/s)
					流量/(m^3/s)	时间（月-日 时:分）	流量/(m^3/s)	时间（月-日 时:分）	
官厅	07-30—08-10	476.23	5.27	0.73	355	08-01-12:00	0	—	355
斋堂	07-30—08-06	461.54	0.34	0.13	1170	07-31-11:30	800	08-01-3:30	370

1）官厅水库。水库前期水位较低，7 月 29 日 17 时水库水位 475.51m（大沽高程），低于汛限水位 0.49m，水库关闭泄洪洞闸门。7 月 30 日 12 时水库入库流量起涨，8 月 1 日 12 时水库入库洪峰流量 355m^3/s，至 8 月 10 日 8 时水库入库洪量 0.73 亿 m^3，全部拦蓄。

2）斋堂水库。7 月 30 日 19 时 30 分，斋堂水库入库流量起涨。7 月 31 日 9 时，水库入库流量 284m^3/s 并急剧上涨，根据降水及洪水预报成果，下泄流量逐级加大至 150m^3/s。斋堂水库最大程度拦洪错峰 3h，其间，水库入库洪峰流量 1170m^3/s（7 月 31 日 11 时 30 分），最大下泄流量 800m^3/s，最大拦蓄洪水总量 1340 万 m^3，最高库水位 461.54m。斋堂水库洪水调度过程见图 4.1。

（2）卢沟桥枢纽。卢沟桥枢纽由永定河拦河闸、小清河分洪闸组成，是分泄永定河洪水的控制性枢纽。暴雨中心官厅山峡及下游三家店—卢沟桥区间洪水汇流时间较短，卢沟桥枢纽先后形成两次洪峰。通过调度卢沟桥枢纽，运用大宁水库、永定河滞洪水库全力拦洪，将拦河闸下泄流量控制在 2500m^3/s 之内，确保了永定河卢沟桥至梁各庄段的行洪安全，为永定河泛区群众安全转移赢得宝贵时间。

1）枢纽运用。7 月 30 日 23 时 43 分，卢沟桥拦河闸按不大于 400m^3/s 控泄，随着卢沟桥枢纽闸上水位、流量急剧上涨，拦河闸、小清河分洪闸逐步加大下泄。

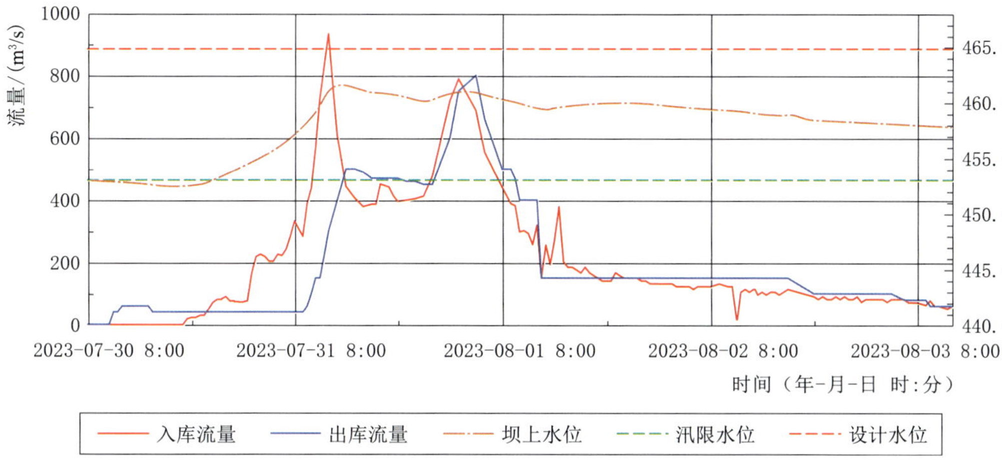

图 4.1　2023 年 7 月 31 日至 8 月 3 日斋堂水库洪水调度过程

7 月 31 日 20 时 30 分，考虑到官厅山峡区间预报后期仍有较强降水过程，兼顾下游行洪及避险转移，卢沟桥拦河闸加大下泄流量至 $1000m^3/s$，此后每半小时增加 $100m^3/s$，同时相应减少小清河分洪闸下泄流量，直至关闭。

8 月 1 日 4 时，卢沟桥闸上水位开始复涨，拦河闸下泄流量逐渐加大。9 时 30 分，卢沟桥拦河闸最大控泄 $2500m^3/s$。按照大宁水库与永定河滞洪水库水量进出平衡的原则，运用滞洪水库退水闸相机退水，保证大宁水库不超设计水位。

此后，卢沟桥枢纽闸上水位快速回落。8 月 1 日 22 时，卢沟桥拦河闸下泄流量降至 $500m^3/s$ 以下，洪水沿永定河有序、平稳下泄，卢沟桥枢纽防洪压力减小。

2）运用成效。经洪水分析计算，在大宁水库、永定河滞洪水库不调蓄的情况下，永定河卢沟桥至梁各庄段部分河段将超过保证水位，永定河泛区入口洪峰流量将达 $2470m^3/s$，永定河泛区洪峰出现时间将提前 15h。

（3）永定河泛区。随着卢沟桥拦河闸下泄流量不断加大，7 月 31 日 16 时 51 分永定河固安水文站水位起涨，8 月 2 日 0 时 9 分洪峰流量 $2370m^3/s$，8 月 2 日 6 时永定河泛区启用。8 月 1 日 22 时 10 分永定河水头进入天津市境内武清区黄花店镇。

永定河泛区行洪运用期间，滞洪时间共计 21d，最大滞洪量 2.29 亿 m^3，最大滞洪面积 $256km^2$。

4.2　大清河系

4.2.1　大清河北支

（1）安格庄水库。7 月 28 日至 8 月 1 日，安格庄水库上游面平均降水量 571.8mm。8 月 1 日 1 时，安格庄水库最大程度拦洪错峰，入库洪峰流量 $1970m^3/s$，最大下泄流量 616m³/s，削峰率 68.7%，最大拦蓄洪水 1.47 亿 m³。8 月 1 日 10 时，水库最高水位达到 160.31m。安格庄水库洪水调度过程见图 4.2。

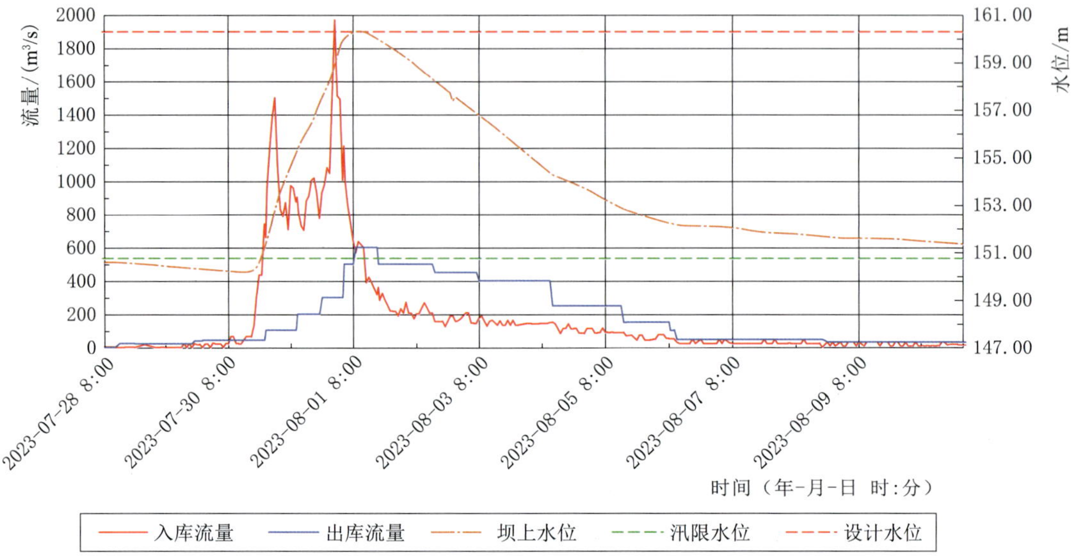

图 4.2　2023 年 7 月 28 日至 8 月 9 日安格庄水库洪水调度过程

经洪水分析计算，在安格庄等水库（包括旺隆、垒子两座中型水库）不调蓄的情况下，南拒马河北河店水文站还原洪峰流量为 3080m³/s。水库调蓄削减洪峰流量 960m³/s，影响分析成果见表 4.2。

表 4.2　安格庄等水库运用对南拒马河洪峰流量影响分析成果

影响站点	还原洪峰流量/(m³/s)	实测洪峰流量/(m³/s)	削峰流量/(m³/s)	削峰率
北河店水文站	3080	2120	960	31.2%

（2）小清河分洪区。小清河分洪区的作用是缓蓄北拒马河、大石河、小清河等本地洪水及永定河分洪洪水。当北拒马河、大石河等河道流量分别超过现状河道行洪能力时，通过自然漫溢启用小清河分洪区。大石河漫水河水文站、拒马河紫荆关水文站分别于 7 月 30 日 15 时、16 时起涨。北拒马河干流调查洪峰流量 6470m³/s，大石河漫水河水文站洪峰流量 5300m³/s，均超下游河道行洪能力，小清河分洪区自然进洪启用。7 月 31 日 12 时，河北省保定市防汛抗旱指挥部发布小清河分洪区启用。

小清河分洪区滞洪时间共计 12d。8 月 2 日 15 时，小清河分洪区最大滞蓄洪量 5.14 亿 m³，最大滞洪面积 230km²。

（3）兰沟洼蓄滞洪区。为保证白沟河左堤安全，7 月 31 日 23 时 30 分，白沟河右堤东务口门扒口分洪，启用兰沟洼蓄滞洪区。8 月 1 日 14 时，东茨村水文站水位 27.11m（1985 国家高程基准），相应流量 2330m³/s，水位、流量已达白沟河保证标准。16 时，白沟河右堤朱庄口门扒口分洪。18 时，小清河分洪区洪水由小营横堤流入兰沟洼蓄滞洪区。8 月 2 日 1 时、16 时、23 时，白沟河右堤东辛庄、西茨村 1 号、西茨村 2 号、里遗先后扒口，向兰沟洼蓄滞洪区分洪。

兰沟洼蓄滞洪区滞洪时间共计 23d。8 月 6 日 8 时，兰沟洼蓄滞洪区最大滞蓄洪量 2.23 亿 m^3，最大滞洪面积 278.2km^2。

（4）新盖房枢纽。新盖房枢纽是承泄大清河北支洪水的控制性枢纽。7 月 31 日 2 时 33 分，新盖房枢纽进行闸门调度，引河闸全闭，分洪闸 13 孔全提；21 时，新盖房分洪道流量起涨。8 月 2 日 8 时洪峰流量 2790m^3/s，8 月 16 日 5 时，新盖房枢纽流量降至 200m^3/s 以下。8 月 30 日 13 时 30 分，新盖房枢纽分洪闸闭闸，引河闸开启，北支上游来水进入白洋淀。新盖房枢纽分洪闸泄流时间持续 31d，累计下泄洪量 12.83 亿 m^3。新盖房枢纽洪水调度过程见图 4.3。

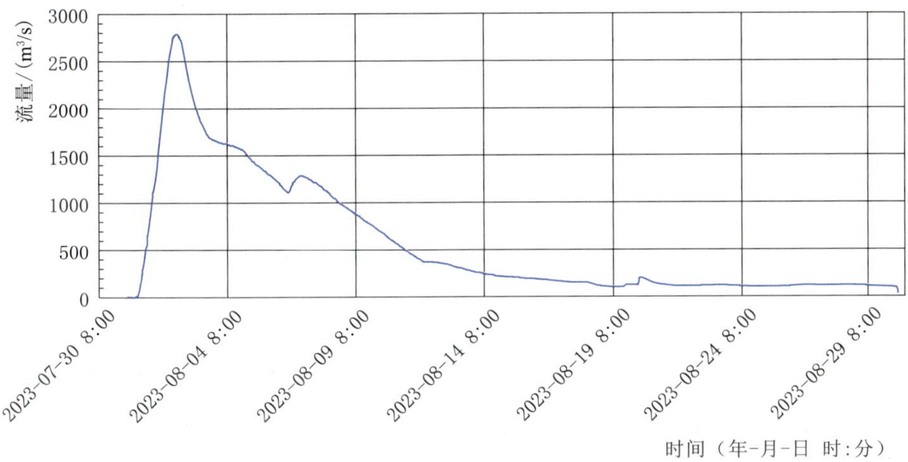

（a）新盖房枢纽分洪闸

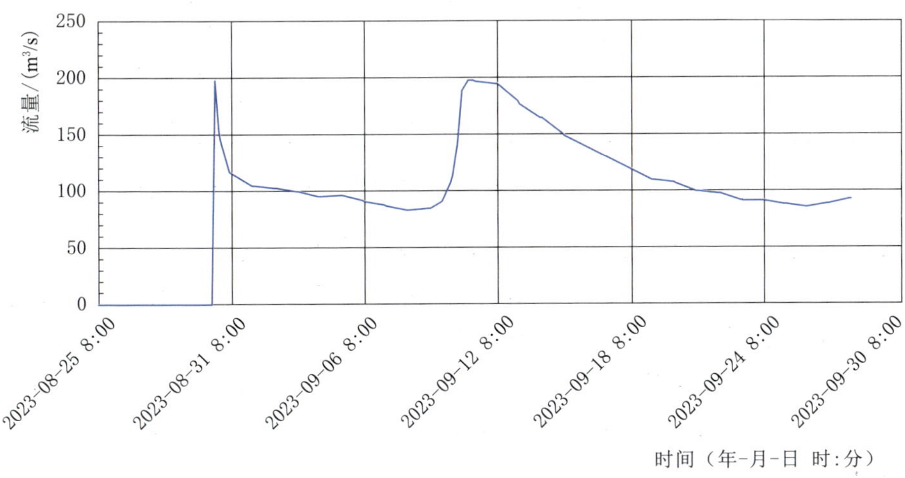

（b）新盖房枢纽引河闸

图 4.3　2023 年 8 月 25 日至 9 月 30 日新盖房枢纽分洪闸、引河闸洪水调度过程

4.2.2　大清河南支

大清河南支白洋淀以上流域面积 2.1 万 km^2，上游建有龙门、西大洋、王快、口头、横山岭等 5 座大型水库，防洪库容共计 9.23 亿 m^3。大清河南支联合运用上游大型水库充分拦洪和白洋淀泄洪，将白洋淀水位控制在正常蓄水位以下。

（1）水库。

1）龙门水库。7 月 28 日至 8 月 1 日，水库上游面平均降水量 549.3mm，入库洪峰流量 1250m^3/s，最大下泄流量 467m^3/s，最大拦蓄洪量 0.67 亿 m^3，最高库水位 126.99m。

2）西大洋水库。7 月 28 日至 8 月 1 日，水库上游面平均降水量 289.6mm，入库洪峰流量 2440m^3/s，最大下泄流量 430m^3/s，最大拦蓄洪量 2.88 亿 m^3，最高库水位 139.22m。西大洋水库洪水调度过程见图 4.4。

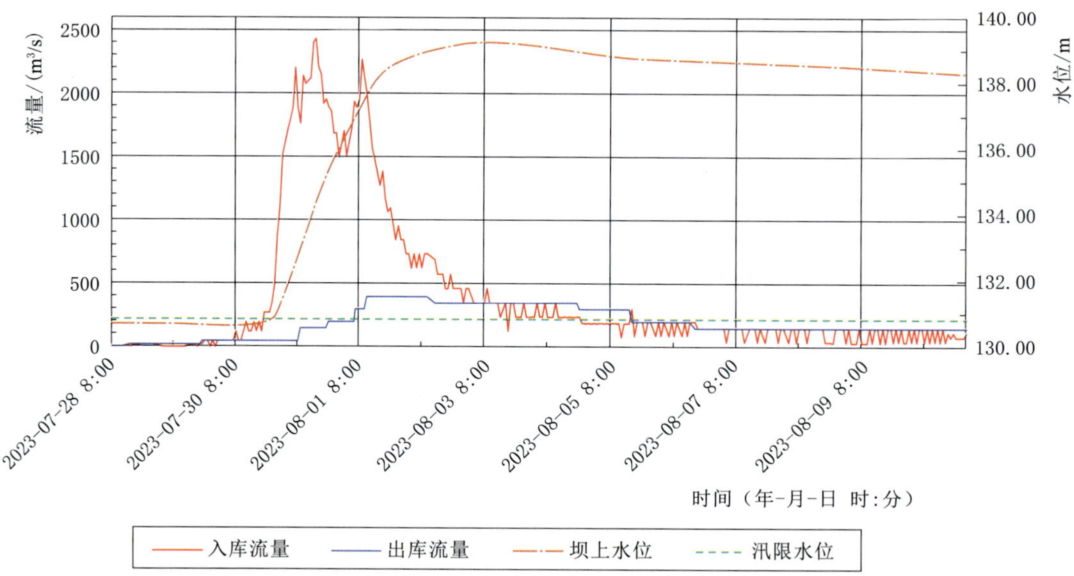

图 4.4　2023 年 7 月 28 日至 8 月 9 日西大洋水库洪水调度过程

3）王快水库。7 月 28 日至 8 月 1 日，水库上游面平均降水量 296.8mm，入库洪峰流量 3670m^3/s，最大下泄流量 486m^3/s，最大拦蓄洪量 2.70 亿 m^3，最高库水位 198.44m。王快水库洪水调度过程见图 4.5。

4）口头水库。入库洪峰流量 167m^3/s（7 月 31 日 6 时），小于 5 年一遇，最高库水位 198.28m（8 月 17 日 8 时），相应蓄量 0.48 亿 m^3，未泄洪，最大拦蓄洪量 0.18 亿 m^3。

5）横山岭水库。入库洪峰流量 943m^3/s（7 月 31 日 3 时），超 5 年一遇，最高库水位 233.52m（8 月 5 日 16 时），相应蓄量 1.04 亿 m^3，最大出库流量 53.9m^3/s

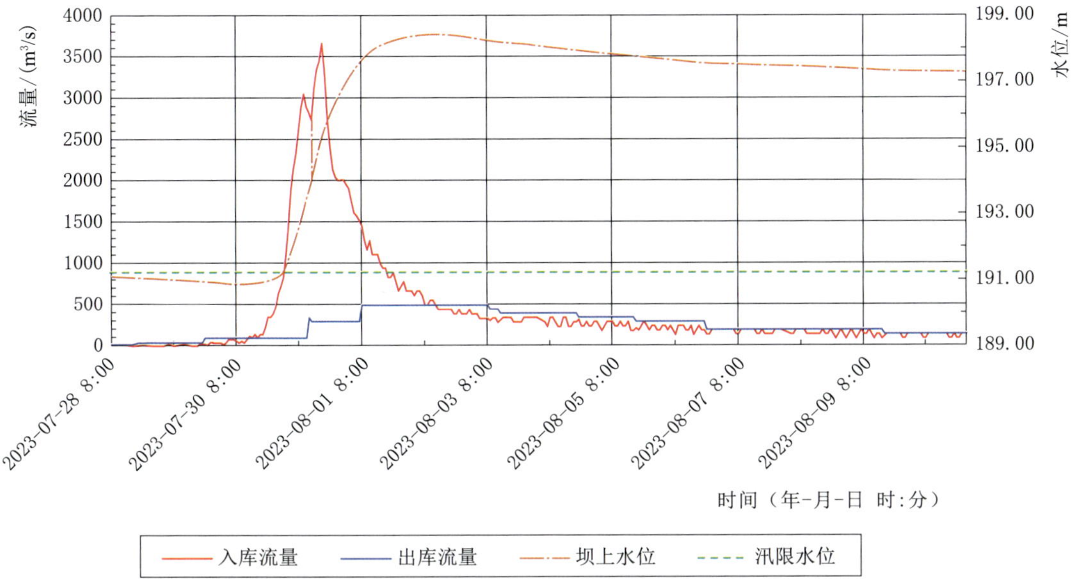

图 4.5 2023 年 7 月 28 日至 8 月 9 日王快水库洪水调度过程

(7 月 31 日 12 时)，最大拦蓄洪量 0.56 亿 m^3。

大清河系大型水库拦洪效果统计见表 4.3。

表 4.3 大清河系大型水库拦洪效果统计

水库	入库洪水起讫时间（月-日—月-日）	最高水位/m	相应蓄量/亿 m^3	最大拦蓄洪量/亿 m^3	入库洪峰流量		最大出库流量		削减洪峰流量/(m^3/s)
					流量/(m^3/s)	时间（月-日 时:分）	流量/(m^3/s)	时间（月-日 时:分）	
安格庄	07-30—08-06	160.31	1.91	1.47	1970	08-01 1:00	616	08-01 9:00	1354
龙门	07-30—08-05	126.99	0.85	0.67	1250	07-31 2:00	467	08-01 8:59	783
西大洋	07-29—08-15	139.22	5.90	2.88	2440	07-31 15:00	430	08-01 11:00	2010
王快	07-29—08-15	198.44	6.92	2.70	3670	07-31 17:00	486	08-01 9:00	3184
口头	07-30—08-02	198.28	0.48	0.18	167	07-31 6:00	0	—	167
横山岭	07-30—08-06	233.52	1.04	0.56	943	07-31 3:00	53.9	07-31 12:00	889

(2) 白洋淀。7 月 29 日，新盖房枢纽白沟引河闸关闭，大清河北支洪水全部由新盖房分洪道下泄；南支大部分洪水由各大水库拦蓄。7 月 30 日 18 时，白洋淀入淀洪峰流量 757m^3/s，8 月 20 日 22 时，白洋淀十方院站达到最高水位 7.28m，低于正常蓄水位 0.02m，相应蓄量 4.47 亿 m^3。枣林庄枢纽最大下泄流量 285m^3/s，经东淀大清河安全下泄。

4.2.3　东淀蓄滞洪区

东淀蓄滞洪区直接承泄大清河系南北支洪水，当新盖房分洪道行洪运用时，东淀启用。8 月 2 日 3 时，新盖房枢纽下泄水头通过新盖房分洪道进入河北省霸州市南张庄村，东淀蓄滞洪区开始进洪。8 月 4 日 12 时水头进入天津市境内静海区台头镇。

8 月 30 日 13 时 30 分，新盖房枢纽分洪闸闭闸，开启白沟引河闸，退洪入白洋淀，经赵王新河、独流减河入海，东淀全面进入退水阶段。独流减河进洪闸保持敞泄，独流减河防潮闸紧盯渤海潮位每日两提两闭，西河闸相机提起，最大限度宣泄洪水。

为解决淀内中部积水不能自流排出的问题，有关地方增设固定泵站、架设移动设备，抢排积水约 2.47 亿 m^3。截至 9 月 26 日，东淀退水基本完成。至此，海河“23・7”洪水过程结束。

东淀行洪运用期间，入淀洪量累计约 23.95 亿 m^3，独流减河进洪闸累计下泄洪量 22.78 亿 m^3，西河闸累计分泄洪量 1.16 亿 m^3。东淀滞蓄洪水时间共计 56d，最大滞蓄洪量 8.01 亿 m^3，最大滞洪面积 319.6km²。

4.3　子牙河系

4.3.1　滹沱河

滹沱河暴雨洪水主要发生在岗南—黄壁庄水库区间。通过联合调度滹沱河岗南、黄壁庄水库，将下游流量控制在河道安全下泄流量之下，及时启用献县泛区，尽可能减少淹没损失。

（1）水库。

1）岗南水库。为减轻下游黄壁庄水库防洪压力，7 月 30 日 16 时，水库闭闸拦洪错峰。入库洪峰流量 2250m^3/s，控制下泄流量 50m^3/s，削峰率达 97.8%，最大拦蓄洪量 3.51 亿 m^3。岗南水库洪水调度过程见图 4.6。

2）黄壁庄水库。7 月 29 日 12 时入库流量起涨；7 月 30 日 8 时，黄壁庄水库下泄流量从 300m^3/s 加大至 400m^3/s。随着上游流量急剧上涨，7 月 30 日 22 时、31 日 3 时、31 日 5 时先后调度水库逐级加大下泄流量至 500m^3/s、1000m^3/s、1600m^3/s。7 月 31 日 7 时，黄壁庄水库入库洪峰流量 6250m^3/s。8 月 1 日 0 时，黄壁庄水库达到最高水位 119.43m。黄壁庄水库洪水调度过程见图 4.7。

洪水过程总历时 24d，入库洪量 9.21 亿 m^3，最大拦蓄洪量 3.41 亿 m^3，最大限度地减轻了滹沱河下游河道和献县泛区运用压力。

滹沱河部分水库拦洪效果统计见表 4.4。

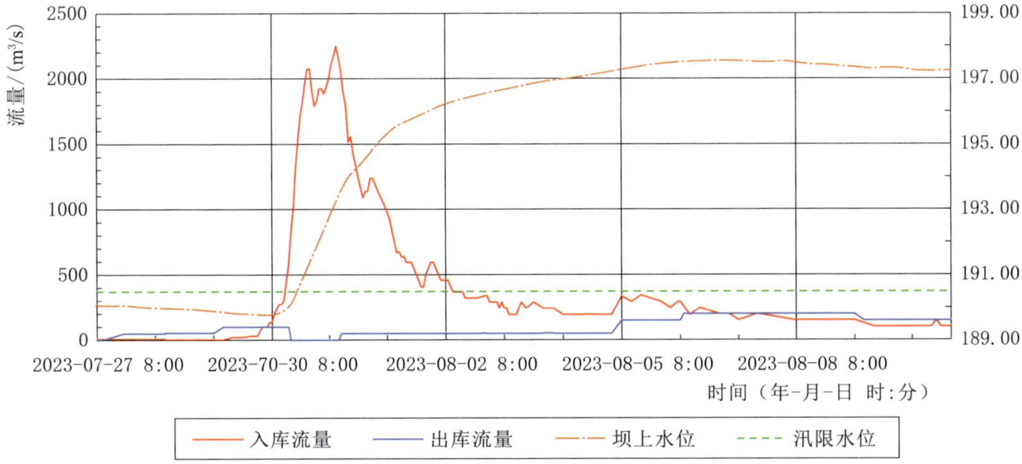

图 4.6　2023 年 7 月 27 日至 8 月 8 日岗南水库洪水调度过程

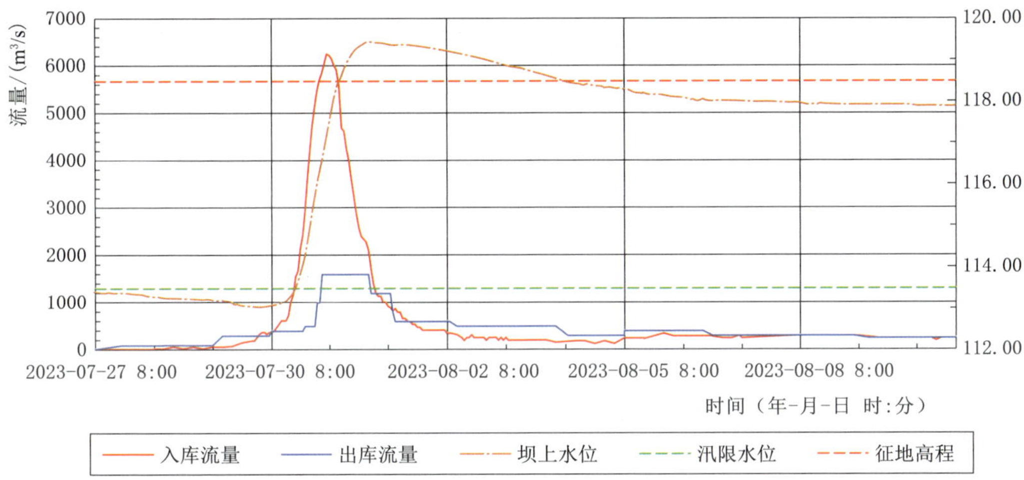

图 4.7　2023 年 7 月 27 日至 8 月 8 日黄壁庄水库洪水调度过程

表 4.4　滹沱河部分水库拦洪效果统计

水库	入库洪水起讫时间(月-日—月-日)	最高水位/m	相应蓄量/亿 m^3	最大拦蓄洪量/亿 m^3	入库洪峰流量		最大出库流量		削减洪峰流量/(m^3/s)
					流量/(m^3/s)	时间(月-日 时:分)	流量/(m^3/s)	时间(月-日 时:分)	
岗南	07-29—08-16	197.54	8.08	3.51	2250	07-31 11:00	50	07-31 13:00	2200
黄壁庄	07-29—08-22	119.43	5.07	3.41	6250	07-31 6:00	1550	07-31 5:00	4700

（2）献县泛区。献县泛区位于滹沱河黄壁庄水库下游，当上游河道流量超过 400m^3/s 时，泛区启用。7 月 31 日 3—5 时，黄壁庄水库下泄流量先后加大至

$1000m^3/s$、$1600m^3/s$。8 月 1 日 11 时，河北省决定启用献县泛区。8 月 1 日 24 时，洪水经大齐口门进入北泛区。8 月 2 日 4 时 40 分，滹沱河姚庄水文站流量 $377m^3/s$，洪水漫过南小堤进入南泛区。

献县泛区滞洪时间共计 36d。8 月 11 日 20 时最大滞蓄洪量 1.21 亿 m^3，最大滞洪面积 $127.8km^2$。9 月 5 日，献县泛区完成退水。

4.3.2 滏阳河

滏阳河支流繁多且呈扇形分布，洪水源短流急。洪水期间调度滏阳河上游朱庄、临城等水库充分拦洪，大陆泽、宁晋泊蓄滞洪区自然启用缓洪滞洪，有效减轻了下游沿线防洪压力。

（1）水库。

1）朱庄水库。7 月 29 日 20 时，入库流量起涨，水位 238.46m。7 月 30 日 20 时，流量涨至 $3440m^3/s$，水位涨至 247.98m，24h 水位上涨 9.52m。7 月 30 日 21 时 30 分，水库下泄流量由 $200m^3/s$ 加大至 $600m^3/s$。7 月 31 日 2 时 30 分，入库洪峰流量 $7900m^3/s$。随着入库流量急剧上涨，7 月 31 日 0 时至 3 时 12 分，水库先后逐级加大下泄流量至 $1200m^3/s$、$5000m^3/s$，最大程度拦洪。7 月 31 日 3 时 30 分，水库最高水位达到 255.44m，最大拦蓄洪量 1.75 亿 m^3。朱庄水库洪水调度过程见图 4.8。

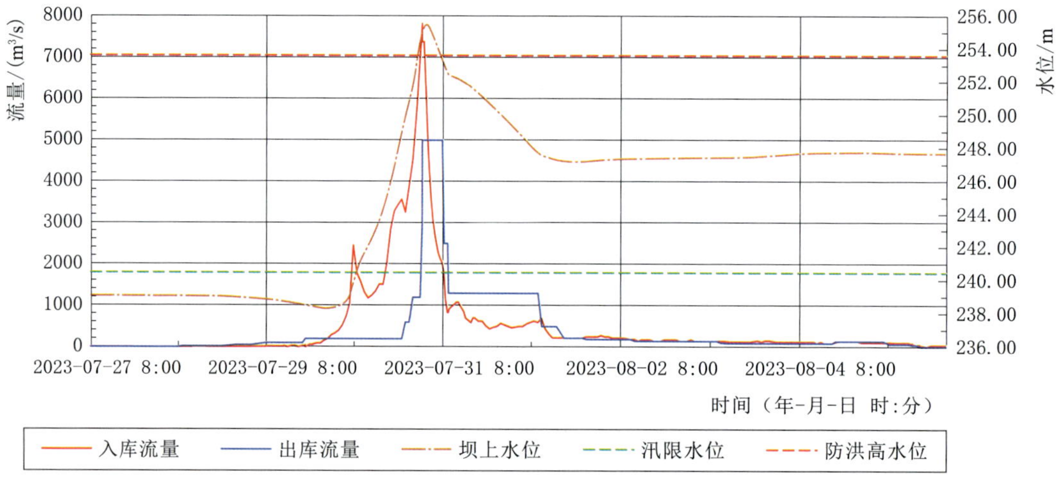

图 4.8　2023 年 7 月 28 日至 8 月 4 日朱庄水库洪水调度过程

2）临城水库。7 月 29 日 8 时入库流量起涨。7 月 30 日 18 时流量涨至 $1110m^3/s$，水位 122.08m，水库控泄 $100m^3/s$。7 月 31 日 0 时水位 123.53m，0 时 30 分泄洪洞敞泄，4 时 30 分入库洪峰流量 $1900m^3/s$，7 时 30 分水库最高蓄水位 125.27m，最大出库流量 $343m^3/s$，削峰率达 81.9%，最大拦蓄洪量 0.57 亿 m^3。

滏阳河部分水库拦洪效果统计见表 4.5。

表 4.5　　滏阳河部分水库拦洪效果统计

水库	入库洪水起讫时间（月-日—月-日）	最高水位/m	相应蓄量/亿 m^3	最大拦蓄洪量/亿 m^3	入库洪峰流量		最大出库流量		削减洪峰流量/(m^3/s)
					流量/(m^3/s)	时间（月-日 时:分）	流量/(m^3/s)	时间（月-日 时:分）	
朱庄	07-29—08-06	255.44	3.49	1.75	7900	07-31 2:30	5000	07-31 3:12	2900
临城	07-29—08-02	125.27	0.84	0.57	1900	07-31 4:30	343	07-31 7:30	1557

（2）大陆泽、宁晋泊蓄滞洪区。滏阳河上游各河道大洪水期间漫溢行洪入宁晋泊、大陆泽蓄滞洪区。7 月 30 日 20 时，河北省邢台市防汛抗旱指挥部发布大陆泽、宁晋泊蓄滞洪区启用。

7 月 30 日 21 时 30 分，七里河下段顺水河任泽区南甘寨段超保证标准漫溢行洪，下游郭村段河道洪水进入大陆泽。7 月 31 日 6 时 20 分，洺河临洺关水文站洪峰流量 $1200m^3/s$，15 时城隍断面流量 $186m^3/s$，南和区柴里村段河道漫溢，洪水进入大陆泽。

7 月 31 日 3 时 12 分，沙河朱庄水库下泄流量 $5000m^3/s$。10 时，端庄水文站洪峰流量 $4890m^3/s$。9 时南澧河河道流量超过保证标准，漫溢行洪入大陆泽。

7 月 31 日 1 时，北沙河马村水文站流量 $1040m^3/s$，宁晋县马家庄段河道左堤漫溢，洪水进入宁晋泊。

大陆泽蓄滞洪区 8 月 5 日 16 时最大滞蓄洪量 4.05 亿 m^3。宁晋泊蓄滞洪区 8 月 7 日 11 时最大滞蓄洪量 2.01 亿 m^3。大陆泽、宁晋泊两个蓄滞洪区最大滞洪面积 $316km^2$。

4.4 北三河系

（1）水库。洪水期间，联合运用潮白河密云水库、怀柔水库，累计拦蓄洪量 1.55 亿 m^3；温榆河十三陵水库、州河于桥水库全部拦蓄上游洪水，将干流行洪流量控制在河道安全下泄流量以内。北三河系部分水库拦洪效果统计见表 4.6。

1）十三陵水库。7 月 30 日 15 时 30 分入库流量起涨。8 月 1 日 5 时入库洪峰流量 $886m^3/s$。8 月 4 日 8 时最高蓄水位 95.82m，相应蓄量 0.41 亿 m^3，未泄洪，最大拦蓄洪量 0.23 亿 m^3。十三陵水库洪水调度过程见图 4.9。

2）密云水库。7 月 31 日 17 时入库流量起涨。8 月 1 日 15 时入库洪峰流量 $1450m^3/s$，至 8 月 10 日 8 时最高蓄水位 151.84m，相应蓄量 30.1 亿 m^3，最大下泄流量 $12m^3/s$（8 月 2 日 6 时），最大拦蓄洪量 1.32 亿 m^3。

表 4.6　　北三河系部分水库拦洪效果统计

水库	入库洪水起讫时间（月-日—月-日）	最高水位/m	相应蓄量/亿 m^3	最大拦蓄洪量/亿 m^3	入库洪峰流量		最大出库流量		削减洪峰流量/(m^3/s)
					流量/(m^3/s)	时间（月-日 时:分）	流量/(m^3/s)	时间（月-日 时:分）	
密云	07-31—08-08	151.84	30.1	1.32	1450	08-01 15:00	12	08-01 19:00	1438
怀柔	07-31—08-03	60.77	0.62	0.23	804	07-31 21:00	363	08-01 17:00	441
于桥	07-31—08-04	19.94	3.03	0.54	236	08-02 12:00	0	—	236
十三陵	07-31—08-02	95.82	0.41	0.23	886	08-01 5:00	0	—	886

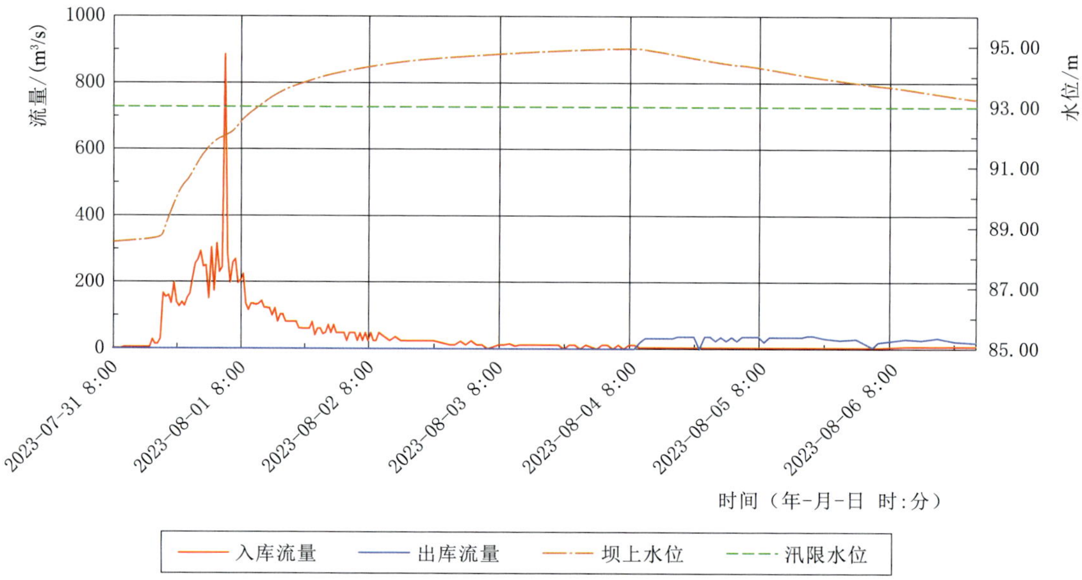

图 4.9　2023 年 7 月 31 日至 8 月 6 日十三陵水库洪水调度过程

3）怀柔水库。7 月 31 日 17 时入库流量起涨。7 月 31 日 21 时入库洪峰流量 804m^3/s。8 月 1 日 17 时水库最高蓄水位 60.77m，相应蓄量 6233.8 万 m^3，最大下泄流量 363m^3/s，最大拦蓄洪量 2280 万 m^3。

4）于桥水库。7 月 31 日 17 时入库流量起涨。8 月 2 日 12 时入库洪峰流量 236m^3/s。至 8 月 10 日 8 时最高蓄水位 19.94m，相应蓄量 3.03 亿 m^3，水库闭闸错峰，最大拦蓄洪量 0.54 亿 m^3。

（2）重要枢纽。

1）北关枢纽。8 月 1 日 0 时，北运河北关枢纽洪峰流量 1140m^3/s，调度北关分洪闸向运潮减河最大分泄流量 561m^3/s，北关拦河闸向北运河最大下泄流量 584m^3/s，尽力减轻下游河道行洪压力。北关枢纽洪水调度过程见图 4.10、图 4.11。

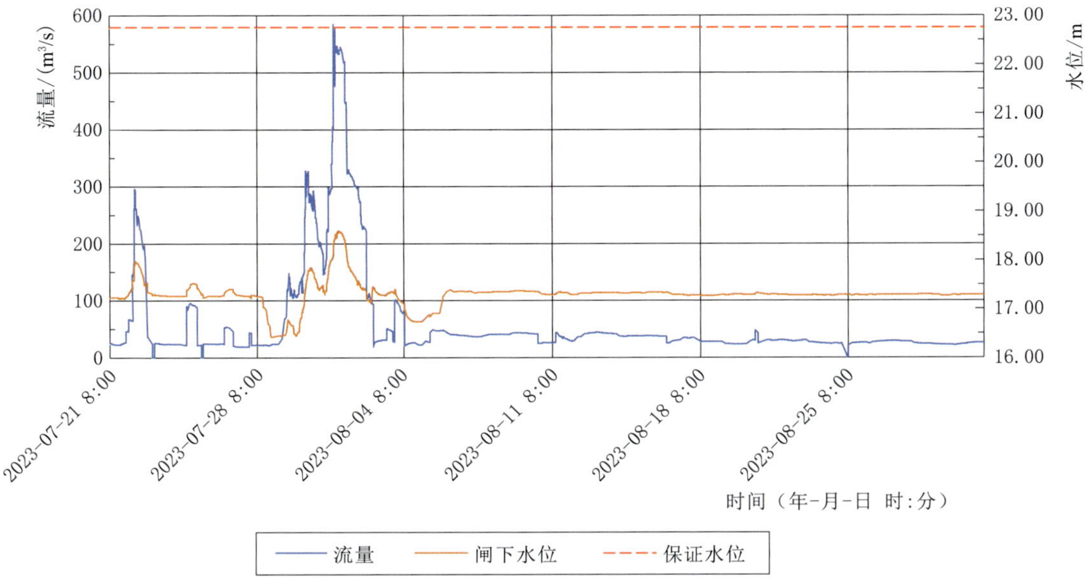

图 4.10 2023 年 7 月 21 日至 8 月 25 日北关拦河闸洪水调度过程

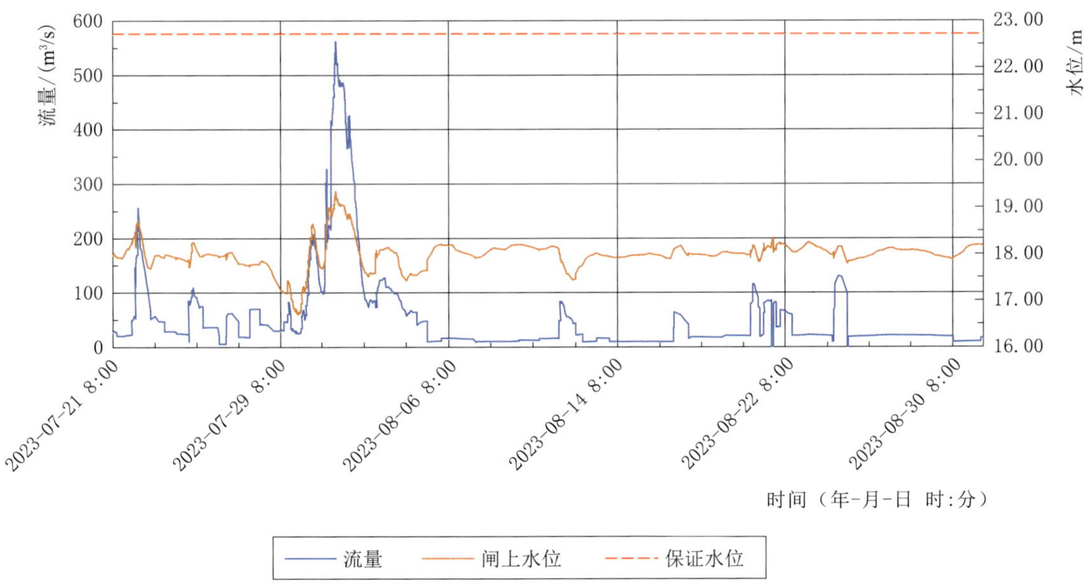

图 4.11 2023 年 7 月 21 日至 8 月 30 日北关分洪闸洪水调度过程

2）土门楼枢纽。8 月 1 日 12 时，北运河土门楼枢纽洪峰流量 $851m^3/s$，调度土门楼分洪闸向青龙湾减河最大分泄流量 $783m^3/s$，天津市大黄堡洼蓄滞洪区未启用，木厂节制闸向北运河最大下泄流量不超过 $80m^3/s$。

4.5　漳卫河系

漳卫河系发生较大洪水。在应对漳河暴雨洪水过程中，发挥岳城水库的流域控制性工程关键作用，最大拦蓄洪量 2.13 亿 m^3，避免下游滩地淹没损失。岳城水库洪水调度过程见图 4.12。

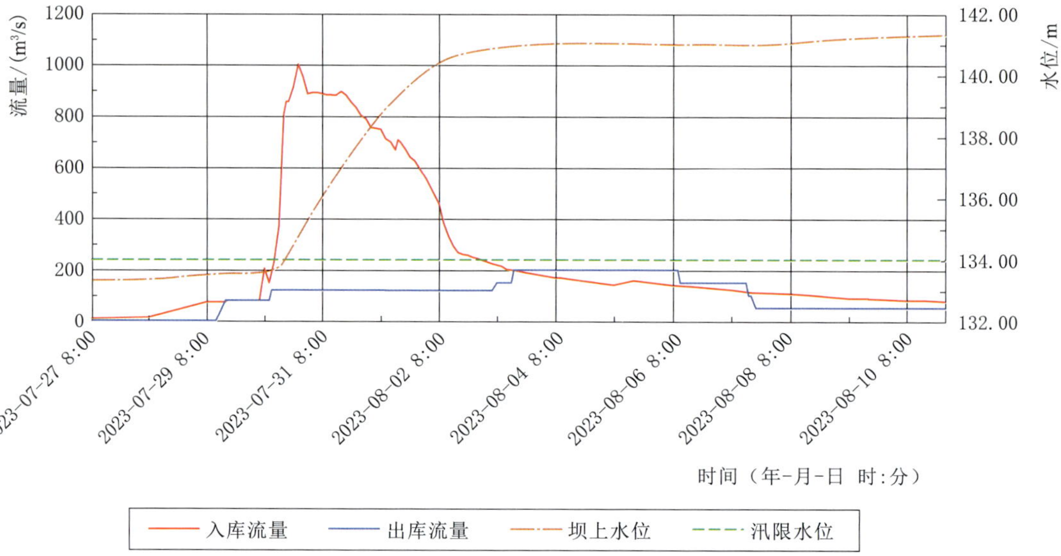

图 4.12　2023 年 7 月 27 日至 8 月 10 日岳城水库洪水调度过程

在应对卫河暴雨洪水过程中，全面运用上游马鞍石、石门等中型水库控泄洪水，调度卫河合河节制闸合理分泄，降低共产主义渠河道流量，控制下游黄土岗水文站水位未超过 68.00m（黄海高程），避免了良相坡蓄滞洪区启用。卫河支流淇河、安阳河来水较大，调度盘石头、小南海等水库全力拦洪，减轻下游防洪压力。共渠西蓄滞洪区于 8 月 1 日 15 时自然进洪，最大滞蓄洪量 1400 万 m^3，最大滞洪面积 25.3km^2，滞蓄洪水时间共计 9d。

漳卫河系部分水库拦洪与削峰效果统计见表 4.7。

表 4.7　漳卫河系部分水库拦洪与削峰效果统计

水库	入库洪水起讫时间（月-日—月-日）	最高水位/m	相应蓄量/亿 m^3	最大拦蓄洪量/亿 m^3	入库洪峰流量		最大出库流量		削减洪峰流量/(m^3/s)
					流量/(m^3/s)	时间（月-日 时:分）	流量/(m^3/s)	时间（月-日 时:分）	
岳城	07-28—08-08	141.06	3.99	2.13	1000	07-30 22:00	200	08-03 15:00	802
盘石头	07-29—08-08	253.92	3.04	0.65	469	08-01 20:00	100	08-01 23:00	369

4.6 小结

(1) 海河“23·7”洪水期间，北京、天津、河北 84 座大中型水库拦蓄洪量 28.5 亿 m^3，卢沟桥、新盖房、北关等关键枢纽有序分泄洪水，启用宁晋泊、大陆泽、小清河分洪区、兰沟洼、东淀、献县泛区、共渠西、永定河泛区等 8 处蓄滞洪区，合计最大蓄洪量 25.3 亿 m^3，有效削减洪峰、分泄洪水。

(2) 海河“23·7”洪水期间，各类水库无一垮坝，重要堤防和蓄滞洪区围堤无一决口，蓄滞洪区撤退转移的近百万人无一伤亡。据初步统计，通过科学精细调度，避免了 24 个城镇、751 万亩耕地受淹，避免了 462.3 万人转移，充分发挥了流域防洪工程体系综合减灾效益，最大限度减少了洪水影响和损失。

第 5 章

水文测验

海河“23·7”洪水期间，海河流域各级水文部门根据洪水发展情势，加密监测频次，较为完整地记录了大清河、永定河、子牙河等河系洪水涨落过程。本章主要介绍了洪水期间的水文测验工作情况，评价了水文资料整编成果，展现了水文应急监测工作的典型事件，分析了新技术新装备成功应用情况。

5.1　重要控制站水文测验

海河“23・7”洪水造成部分水文测站测报设施严重受损，常规监测设施设备被冲毁、通信中断，危急情况下，基层水文人员坚守测报一线，迅即启动超标准洪水测报预案，采用电波流速仪、中泓浮标、比降面积等应急测验方法抢测洪峰，利用抢设的临时水尺人工观测水位，通过卫星电话报汛，测报频次加密至 1h 一报，关键时刻 30min 甚至 10min 一报。

根据暴雨洪水发生情况，选取大清河、永定河、子牙河系 8 处典型水文站，包括永定河系雁翅水文站和固安水文站，大清河系大石河漫水河水文站、拒马河都衙水文站和张坊水文站、白沟河东茨村水文站、独流减河进洪闸水文站，子牙河系松溪河泉口水文站，逐站对比了常规监测与超标准洪水监测使用的测流方法及设备。

（1）永定河系雁翅水文站。雁翅水文站建于 1951 年，控制流域面积 43674km^2，位于永定河干流官厅水库下游。在常规流量监测中采用走航式 ADCP[❶] 和测流无人船，海河“23・7”洪水期间采用测流无人船、走航式 ADCP、流速仪及移动雷达波缆道测流系统等多种设备施测 18 次，其中涨水段测流 11 次，退水段测流 7 次，测验时机掌握较好，布点均匀。8 月 1 日 5 时实测到洪峰流量 1250m^3/s，最大测点流速 3.29m/s。洪水过后，通过水位-流量关系线延长和洪水调查复核洪峰流量 1710m^3/s，为有实测资料以来第 1 位。

海河“23・7”洪水期间，7 月 31 日 11 时雁翅水文站水位自记平台被水毁，此后抢设直立式临时水尺人工观测水位，共观测水位 373 次。8 月 1 日 7 时人工观测到最高水位为 238.76m（大沽基面），较历史最高水位（1967 年）高 3.26m，为有实测资料以来第 1 位。在雁翅水文站进行泥沙取样和施测流量的现场照片见图 5.1。

（2）永定河系固安水文站。固安水文站建于 1949 年，控制流域面积 44700km^2，位于永定河干流卢沟桥水文站下游。在常规流量监测中采用走航式 ADCP，海河“23・7”洪水期间采用走航式 ADCP 及电波流速仪等设备施测 46 次，其中涨水段测流 13 次，退水段测流 32 次，峰顶处测流 1 次，测验时机掌握较好，布点均匀。8 月 2 日 0 时，抢测到洪峰流量 2370m^3/s，最大测点流速 3.41m/s，平均流速 1.91m/s，为有实测资料以来第 1 位。

海河“23・7”洪水期间，雷达水位计和人工观测水尺记录了洪水水位变化的完整过程，雷达水位计每 6min 记录 1 次，共记录 3640 次；同时在基本水尺断面与测流断面分别采用直立式水尺、悬垂式水尺人工观测水位，共观测水位 454 次。8 月 2 日

❶ ADCP 为声学多普勒流速剖面仪（Acoustic Doppler Current Profiler）的英文缩写。

图 5.1 在雁翅水文站进行泥沙取样和施测流量

0 时 9 分人工观测到最高水位为 31.84m（黄海高程），较历史最高水位（1978 年）高 0.52m，为有实测资料以来第 1 位。在固安水文站采用电波流速仪施测流量的现场照片见图 5.2。

图 5.2 在固安水文站采用电波流速仪施测流量

（3）大清河系大石河漫水河水文站。漫水河水文站建于 1951 年，控制流域面积 $653km^2$，是大清河系支流大石河上游控制站。在常规流量监测中采用移动雷达波缆道测流系统，海河“23·7”洪水期间采用流速仪、电波流速仪、移动雷达波缆道测流系统等多种设备施测 41 次（图 5.3），其中涨水段测流 21 次，退水段测流 20 次，测验时机掌握较好，布点均匀。7 月 31 日 10 时，实测到洪峰流量 $5200m^3/s$。洪水过后通过水位-流量关系线延长和洪水调查洪峰流量 $5300m^3/s$，为有实测资料（1951 年）以来第 1 位。

海河“23·7”洪水期间，水位超过 92.00m（大沽基面）后，水位自记平台和雷达水位计被水毁，此后抢设直立式临时水尺人工观测水位（图 5.3），共观测水位

480 次。7 月 31 日 11 时 20 分人工观测到最高水位 93.15m（大沽基面），较“21・7”洪水高 3.07m，为有实测资料以来第 1 位。

图 5.3　在漫水河水文站采用电波流速仪施测流量

（4）大清河系拒马河都衙水文站。都衙水文站建于 2008 年，控制流域面积 $4450km^2$，是大清河系拒马河上游控制站。在常规流量监测中采用走航式 ADCP 和流速仪，海河“23・7”洪水期间采用流速仪和电波流速仪等设备施测 20 次，其中涨水段测流 7 次，退水段测流 13 次。7 月 31 日 14 时，实测洪峰流量 $2900m^3/s$，最大测点流速为 6.59m/s，平均流速 3.72m/s。洪水过后，通过水位-流量关系线延长和洪水调查洪峰流量 $6380m^3/s$，为有实测资料以来第 1 位。

海河“23・7”洪水期间，水位超过 219.77m（1985 国家高程基准）后，水位自记平台被水毁，此后抢设直立式临时水尺进行人工观测，共观测水位 406 次。7 月 31 日 19 时人工观测到最高水位 227.38m（1985 国家高程基准），为有实测资料以来第 1 位。在都衙水文站施测水位、水面宽、流量的现场照片见图 5.4～图 5.6。

图 5.4　在都衙水文站进行临时水尺布设

图 5.5 在都衙水文站采用全站仪施测水面宽

图 5.6 在都衙水文站临时断面采用
电波流速仪施测流量

（5）大清河系拒马河张坊水文站。张坊水文站建于 1961 年，控制流域面积 4810km^2，是大清河系拒马河上游重要控制站。在常规流量监测中采用走航式 ADCP 和流速仪，海河“23·7”洪水期间主要采用电波流速仪施测 32 次，其中涨水段测流 14 次，退水段测流 18 次，测验时机掌握较好，布点均匀。7 月 31 日 22 时 20 分，实测到洪峰流量 6200m^3/s。洪水过后通过洪水调查洪峰流量 7330m^3/s，为有实测资料以来

（1961 年）第 2 位，最大测点流速 7.09m/s，平均流速 4.61m/s。

海河“23·7”洪水期间，水位观测主要采用直立式水尺人工观测，共观测水位 439 次。7 月 31 日 22 时 20 分人工观测到最高水位 109.28m（大沽基面），较历史最高水位（1963 年）低 1.12m，为有实测资料以来（1961 年）第 2 位。在张坊水文站施测流量、泥沙取样的现场照片见图 5.7、图 5.8。

图 5.7　在张坊水文站采用电波流速仪施测流量

图 5.8　在张坊水文站进行泥沙取样

（6）大清河系白沟河东茨村水文站。东茨村水文站建于 1955 年，控制流域面积 $2133km^2$，是大清河北系白沟河重要控制站。在常规流量监测中采用走航式 ADCP 和移动雷达波缆道测流系统，海河“23·7”洪水期间采用走航式 ADCP、移动雷达波缆道测流系统和流速仪等多种设备施测 53 次，其中涨水段测流 16 次，退水段测流 37 次。在东茨村水文站采用无人船施测流量的现场照片见图 5.9。

海河“23·7”洪水期间，水位观测主要采用直立式水尺人工观测，共观测水位 169 次。8 月 1 日 22 时人工观测到最高水位为 29.14m，为有实测资料以来第 1 位，较历史最高水位（1956 年）高 0.89m。

（7）大清河系独流减河进洪闸水文站。进洪闸水文站建于 1953 年，控制流域面积 $32700km^2$，位于大清河、子牙河、独流减河三河交汇处，在常规流量监测中采用走航式 ADCP，海河“23·7”洪水期间利用走

图 5.9 在东茨村水文站采用无人船施测流量

航式 ADCP、测流无人船施测 72 次，其中涨水段测流 20 次，退水段测流 52 次。8 月 8 日 10 时，南闸实测到最大流量 $804m^3/s$；10 日 11 时，北闸实测到最大流量 $549m^3/s$。在进洪闸水文站采用电波流速仪施测流量的现场照片见图 5.10。

图 5.10 在进洪闸水文站采用电波流速仪施测流量

海河“23·7”洪水期间，水位观测采用浮子水位计和直立式水尺人工观测，观测自记水位 48900 余次，人工观测水位 340 次。8 月 8 日 8 时，人工观测到闸上最高水位 7.33m。

(8) 子牙河系松溪河泉口水文站。泉口水文站建于 1958 年 4 月，1976 年 1 月测验断面沿河下迁至现址，控制流域面积为 $1627km^2$，是子牙河系松溪河重要控制站。

在常规流量监测中采用流速仪和移动雷达波缆道测流系统，海河“23・7”洪水期间采用流速仪、移动雷达波缆道测流系统等设备施测 24 次，其中涨水段测流 10 次，退水段测流 14 次，抢测到洪峰流量 4020m³/s，为有实测资料（1976 年）以来第 2 位。

海河“23・7”洪水期间，水位观测主要采用直立式水尺人工观测，共观测水位 164 次。7 月 30 日 18 时 10 分，人工观测到洪峰水位 10.13m，为有实测资料（1976 年）以来第 2 位，较“96・8”最高水位低 0.47m。在泉口水文站清理水尺杂物、采用移动雷达波缆道测流系统施测流量的现场照片见图 5.11、图 5.12。

图 5.11　在泉口水文站清理水尺杂物

图 5.12　在泉口水文站采用移动雷达波缆道测流系统施测流量

5.2　水文应急监测

5.2.1　应急测报响应

7 月 27 日，海委、河北率先启动水文应急测报Ⅳ级响应，7 月 28 日，山西启动应急响应。随着汛情发展，应急响应级别逐步提升，7 月 29 日至 8 月 1 日，海委、河北、山西相继将应急响应级别提升至Ⅰ级。随着洪水逐步回落，8 月 8 日山西终止水文应急测报响应，8 月 31 日海委终止水文应急测报响应，9 月 10 日河北终止水文应急测报响应。

5.2.2 应急测报开展情况

7月27日，海委及时启动流域水文应急监测联动机制，为海河“23·7”洪水期间应急监测相互支援、相互协助做好组织准备。洪水发生后，海委及北京、天津、河北、山西、河南水文部门累计派出应急监测队80余支，出动3000余人次，携带测流无人机、走航式ADCP、测流无人船、电波流速仪等应急监测设备，在永定河、大清河等防洪重点区域布设临时应急监测断面280余处，获取应急监测数据7000余条，监测数据实时共享并报送水利部、海委及北京、天津、河北、山西、河南相关部门。水利部水文司协调河南、水利部黄河水利委员会水文部门派遣应急监测队携带应急监测设备千里驰援河北，开展南水北调中线交叉河道、永定河、大清河等重点断面水文应急监测。及时快速的应急响应、素质过硬的监测队伍、先进实用的技术装备、高效准确的监测数据有力支撑了流域防洪预报调度工作，详细情况见表5.1。

表5.1 海河流域水文单位应急监测情况

单位	队伍数量/支	人员数量/人次	监测地点	监测时间
海委水文局	6	65	北拒马河、南拒马河、三家店、卢沟桥、永定河泛区、东淀蓄滞洪区、兰沟洼、东茨村、新盖房、独流减河等地	7月30日至8月25日
北京市水文总站	9	90	雁翅、青白口、三家店、卢沟桥、小清河分洪闸、崔指挥营、张坊、漫水河、通州等地	7月29日至8月5日
天津市水文水资源管理中心	6	728	永定河、大清河、子牙河、东淀蓄滞洪区、永定河泛区等地监测断面	7月29日至8月25日
河北省水文勘测研究中心	39	1974	子牙河、永定河、拒马河、大清河、唐河、滹沱河、滏阳河、潴龙河、沙河、白沟河、宁晋泊、大陆泽、献县泛区、东淀、兰沟洼、永定河泛区、大清河分洪区等地监测断面	7月28日至9月30日
山西省水文水资源勘测总站	12	91	唐河、壶流河、滹沱河、清水河、羊眼河、峨河、龙华河、南川河、桃河、松溪河等地监测断面	7月29日至8月8日
河南省水文水资源测报中心	9	72	卫河、共产主义渠、河北邢台沙河市南水北调中线与沙河交叉断面、北京卢沟桥水文站等地	7月29日至8月4日

（1）拒马河应急监测。为保障南水北调中线穿拒马河工程防洪安全，7 月 30 日至 8 月 25 日，海委水文局先后派出 5 支应急监测队赴南北拒马河开展应急监测，其中在北拒马河北支、中支和南支持续监测 27d。

应急监测期间共布设 4 个应急监测断面，采用走航式 ADCP、测流无人船、测绘无人机、电波流速仪、GNSS、电子水尺、激光测距仪等设备，获取水位、流量、大断面等数据 400 余组，测得北拒马河中支洪峰流量 5290m^3/s（表 5.2），最大测点流速为 8.00m/s，南支河床冲刷最大深度达 5.68m。北拒马河南支镇江营断面洪峰前后大断面对比见图 3.18、图 5.13，抢测洪峰水位、流量的现场照片见图 5.14。

（2）兰沟洼应急监测。7 月 31 日至 8 月 20 日，海委水文局和河北省水文勘测研究中心共派出 4 支应急监测队赴兰沟洼蓄滞洪区小营横堤、西茨村 1 号及 2 号、东辛庄、朱庄、东务、里遗等 7 处分洪口门开展流量监测，采用走航式 ADCP、测流无人船、

表 5.2　北拒马河应急监测洪峰流量

序号	河　流	断面	最高水位 /m	洪峰流量 /(m^3/s)	洪峰出现时间 (年-月-日 时:分)
1	北拒马河	张坊大桥	97.33	6470	2023-07-31 23:00
2	北拒马河北支	王家铺	62.60	552	2023-07-31 23:15
3	北拒马河中支	白沙滩	60.76	5290	2023-07-31 23:15
4	北拒马河南支	镇江营	62.66	551	2023-07-31 23:15

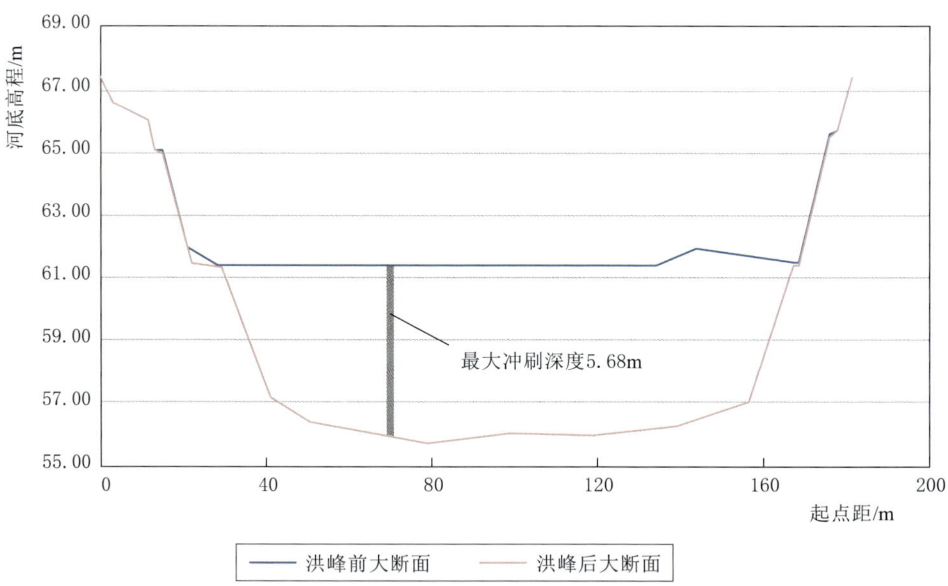

图 5.13　北拒马河南支镇江营断面洪峰前后大断面对比

图 5.14 在北拒马河中支白沙滩、南支镇江营抢测洪峰水位、流量

测流无人机、电波流速仪、GNSS、电子水尺、激光测距仪等设备，获取水位、流量、大断面等数据 200 余组，测得 7 处分洪口门总宽 3.12km，测得多个分洪口门分洪流量数据，其中小营横堤口门最大分洪流量 2400m³/s，东务口门最大分洪流量 1260m³/s，朱庄口门最大分洪流量 625m³/s。在兰沟洼蓄滞洪区不同位置采用无人船施测流量的现场照片见图 5.15、图 5.16。

图 5.15 在兰沟洼蓄滞洪区茨村大桥采用无人船施测流量

(3) 东淀滩里干渠应急监测。8 月 10 日，东淀蓄滞洪区内大清河南侧滩里干渠发生漫溢溃口，东淀清南区域河北省文安县部分区域进水。海委水文局紧急组派应急监测队赶赴现场开展溃口流量监测，采用走航式 ADCP、测流无人船、测流无人

图 5.16　在兰沟洼蓄滞洪区采用无人船施测流量

机、GNSS、全站仪等设备，获取水位、流量、大断面等数据 20 余组。测得滩里干渠溃口中泓最大流速 7.01m/s，溃口宽度 68m，最大流量 475m^3/s。东淀蓄滞洪区滩里干渠溃口正射影像见图 5.17，溃口水位、流量监测的现场照片见图 5.18。

图 5.17　东淀蓄滞洪区滩里干渠溃口正射影像

（4）永定河应急监测。7月31日至8月6日，海委水文局派出2支应急监测队赴永定河及永定河泛区开展应急监测。应急监测队采用走航式ADCP、测流无人船、测流无人机、电波流速仪、GNSS等设备，获取水位、流量、大断面等数据100余组。8月1日，抢测永定河卢沟桥流量为$1800m^3/s$；8月2日，在三家店上游约8km处布设野溪桥应急监测断面，测得流量$424m^3/s$；在永定河固安至梁各庄段琥珀营桥布设应急监测断面，测得流量$890m^3/s$。永定河泛区茨坪分洪口门无人机航摄见图5.19，在永定河泛区施测流量、水面宽的现场照片见图5.20、图5.21。

图5.18 在东淀蓄滞洪区滩里干渠溃口监测水位、流量

图5.19 永定河泛区茨坪分洪口门（无人机航摄）

5.2.3 溯源冲刷应急监测

按照水利部统一部署，海委利用独流减河大流量下泄的契机开展河道溯源冲刷监测分析。在独流减河布设进洪闸、万家码头、独流减河防潮闸3处应急监测断面，

图 5.20　在永定河泛区施测流量

图 5.21　在永定河泛区采用全站仪施测水面宽

累计采集、处理水样 42 组 280 份。独流减河进洪闸南闸平均含沙量 0.050kg/m^3，进洪闸北闸平均含沙量 0.062kg/m^3，万家码头平均含沙量 0.022kg/m^3，独流减河防潮闸平均含沙量 0.333kg/m^3。

结果表明，独流减河万家码头以上河段没有发生冲刷，进洪闸至万家码头河段有轻微淤积，独流减河防潮闸闸前河段发生了河床冲刷。在独流减河防潮闸、进洪闸泥沙取样的现场照片见图 5.22、图 5.23。

图 5.22 在独流减河防潮闸泥沙取样

图 5.23 在独流减河进洪闸泥沙取样

5.2.4 新技术新装备应用

海河“23·7”洪水期间，无人机、无人船、影像法移动水情监测仪和全自动多垂线 ADCP 在线监测系统等一批水文应急测验新技术新装备在实战中得到了充分应用和检验，为洪水防御调度指挥提供了技术支持。

（1）无人机应用。影像无人机搭载高清摄像头，在白沟河东茨村险情勘察、东淀等蓄滞洪区水头跟踪、淹没情况调查等工作中，采集了蓄滞洪区、重要河道、分洪口

图 5.24　在东淀蓄滞洪区滩里干渠采用测流无人机施测流量

门的大量静态和动态影像资料，为防汛调度指挥提供影像支持。

测流无人机搭载雷达波测速仪或 AI 测速摄像头，在白沟河、大清河、兰沟洼蓄滞洪区分洪口门等流速大、现场难以抵达、无过河设施的重点地区，多次应用测流无人机开展流量监测，测得水流表面流速，与水下断面面积计算得出流量，为防洪调度决策提供及时、准确的数据支撑。在东淀蓄滞洪区滩里干渠采用测流无人机施测流量的现场照片见图 5.24。

测绘无人机搭载激光雷达、五目倾斜摄影相机、全画幅高清相机或 GNSS 等测绘设备，在北拒马河河床冲刷、东淀滩里干渠溃口等监测工作中，测得水上地形数据，形成相应正射影像（Digital Orthophoto Map，缩写 DOM）、数字表面模型（Digital Surface Model，缩写 DSM）、数字高程模型（Digital Elevation Model，缩写 DEM）和数字线划图（Digital Line Graphic，缩写 DLG）等，计算了冲刷深度、溃口体积等成果。

（2）移动视频 AI 水情监测仪应用。在大清河台头和永定河邵七堤应急监测断面，运用移动水文监测仪，采用视频 AI 识别技术，通过水位识别摄像头和流速识别摄像头，获取水位、流速、流量数据和实时视频画面，实现了对河道水位、流量的不间断监测，持续快速获取河道水文数据，为防汛调度提供数据支撑。在永定河邵七堤水文站采用移动视频 AI 水情监测仪监测水位流量的现场照片见图 5.25。

图 5.25　在永定河邵七堤水文站采用移动视频 AI 水情监测仪监测水位流量

(3) 全自动多垂线ADCP在线监测系统应用。在大清河台头和永定河邵七堤监测断面，运用全自动多垂线ADCP在线监测系统，采用全自动水文缆道与垂向ADCP相结合的方式，通过测量多条垂线流速数据进而计算断面流量。配备摄像设备监视水面漂浮物，实现了流量高频自动监测。大清河台头水文站全自动多垂线ADCP在线监测系统的现场照片见图5.26。

图5.26 大清河台头水文站全自动多垂线ADCP在线监测系统

(4) 无人船应用。在东淀蓄滞洪区、滩里干渠溃口、献县泛区、兰沟洼分洪区等应急监测断面，运用测深和测流无人船在预先没有大断面数据、河道流速相对较慢的测验环境中开展大断面测量和流量监测，在海河“23·7”洪水流量测验中发挥了重要作用。在北拒马河中支采用无人船施测流量的现场照片见图5.27。

图5.27 在北拒马河中支采用无人船施测流量

5.3　水文资料整编

海河“23・7”洪水发生后，海委和各省（直辖市）水文部门及时抽调技术骨干，对子牙河系、大清河系、永定河系、北三河系和漳卫河系等 5 个河系 104 处水文（水位）站，2919 处雨量站，开展水文资料整编工作。其中，子牙河系 44 处水文站，1188 处雨量站；大清河系 31 处水文站，491 处雨量站；永定河系 21 处水文站，702 处雨量站；北三河系 5 处水文站，49 处雨量站；漳卫河系 3 处水文站，489 处雨量站。

5.3.1　整编依据和方法

（1）整编依据。按照《水文资料整编规范》（SL/T 247—2020）、《水文调查规范》（SL 196—2015）等要求，检查各要素原始监测数据，分析水位-流量过程线，采用“全国整编通用程序”进行整编，确保各项监测数据来源真实、准确。

（2）降水量资料整编方法。海河“23・7”暴雨期间，在部分山区雨量站通信信号不稳定、自记雨量计出现仪器故障时，采用人工观测值进行整编。大部分平原区雨量站，采用自记雨量数据进行整编，个别雨量站自记雨量计故障或毁损时，采用自记雨量数据和人工观测值结合进行整编。

（3）水位资料整编方法。大部分水文测站采用自记水位数据进行整编，个别水文测站自记仪器故障或毁损时，采用自记水位数据和人工观测值结合进行整编。日平均水位采用面积包围法计算。

面积包围法计算日平均水位（图 5.28）可按式（5.1）计算：

$$\overline{Z}=\frac{1}{48}[Z_0a+Z_1(a+b)+Z_2(b+c)+\cdots+Z_{n-1}(m+n)+Z_nn] \tag{5.1}$$

式中　$\overline{Z}$——日平均水位，m；

a，b，c，…，m，n——观测时距，h；

Z_0、Z_1、Z_2，…，Z_n——相应时刻的水位值，m，当无 0 时或 24 时实测水位时，应根据前后相邻水位直线插补求得。

（4）流量资料整编方法。流量资料整编方法主要包括单一曲线法、临时曲线法、连实测流量过程线法、连时序流量过程线法、改正水位法和水利因素法等。部分水文站按照涨落水阶段分别按照水位流量点据采用临时曲线法推求，过渡线一般采用连实测流量过程线或连时序流量过程线法推求。山丘区部分水文站采用改正水位法进行了单值化处理。部分受河道内种植作物、闸涵拦河坝以及洪水涨落等因素影响

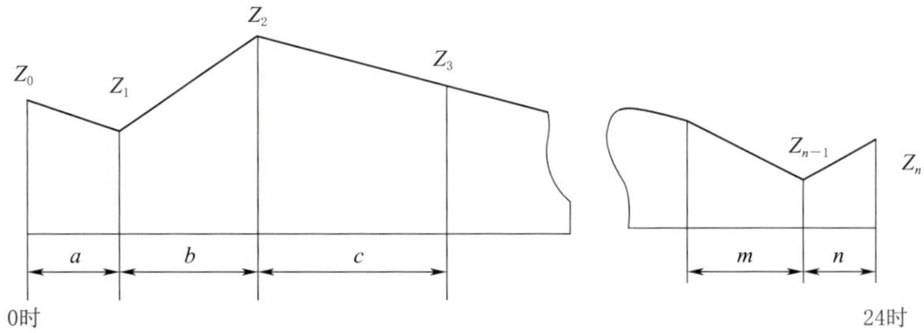

图 5.28 面积包围法计算日平均水位示意图

的水文站，在稳定水位流量关系期间采用临时曲线法，其余时间采用连实测流量过程线法或连时序流量过程线法。

单一曲线法推流，结合测站特性，应用插值法或通过选用式（5.2）～式(5.7）的数学模型来拟合曲线，用水位推算流量。

1）指数方程：

$$Q=CZ_e^n \tag{5.2}$$

或

$$\ln Q=\ln C+n\ln Z_e \tag{5.3}$$

式中 Q——流量，m^3/s；

Z_e——水位与一常数（常数为最低水位与 1 之差）之差，m；

C，n——常数（待定系数）。

2）对数方程：

$$Y=b_0+b_1X+b_2X^2+\cdots+b_mX^m \tag{5.4}$$

$$Y=\ln Q \tag{5.5}$$

$$X=\ln Z_e \tag{5.6}$$

式中 b_0，b_1，b_2，…，b_m——系数。

3）多项式方程：

$$Q=a_0+a_1Z_e+a_2Z_e^2+\cdots+a_mZ_e^2 \tag{5.7}$$

式中 a_0，a_1，a_2，…，a_m——系数。

（5）泥沙资料整编方法。泥沙资料整编主要采用单断沙关系曲线法和实测单沙过程线法。日平均输沙率采用流量加权法计算。

5.3.2 整编工作流程

（1）整编。整编由基层水文单位负责完成，主要完成测站考证，原始资料审查，确定整编方法、定线及检验，数据整理、输入及图表编制，单站合理性检查，编写单站资料整编说明表。

（2）审查。审查由海委和北京、天津、河北、山西、河南水文部门二级机构负责，主要完成抽查所属测站的原始资料，对考证、定线、数据整理表和数据文件及整编成果进行全面检查，审查单站合理性检查图表，流域、水系上下游站或邻站的综合合理性检查，编制测站一览表及整编说明。

（3）复审和验收。复审和验收由海委和北京、天津、河北、山西、河南直属水文机构负责，主要工作是从全部参加复审的资料中，抽取不少于 10% 的测站成果，对考证、定线、数据整理表、数据文件及成果表进行全面检查，其余只作主要项目检查，对全部整编成果进行表面统一检查，复查综合合理性检查图表，进行复审范围内的综合合理性检查。

5.3.3　整编成果评价

海河“23・7”洪水整编工作共形成 9297 站年的水文成果，其中逐日平均水位表、洪水水文要素摘录表等 540 站年，逐日降水量表、降水量摘录表等 8757 站年。对照分析上下游水位、流量、沙量、降水量等水文要素，过程线连续相似，特征值出现时间相对应，水量（沙）基本平衡，资料整编成果合理。

通过整编发现，受洪水影响，部分水文测站水位流量关系发生变化，以大清河东茨村和紫荆关水文站为例进行分析。

（1）东茨村水文站。对比分析洪水前后实测大断面数据，受洪水影响，东茨村水文站测流断面洪水前后断面冲淤变化较大，见图 5.29。

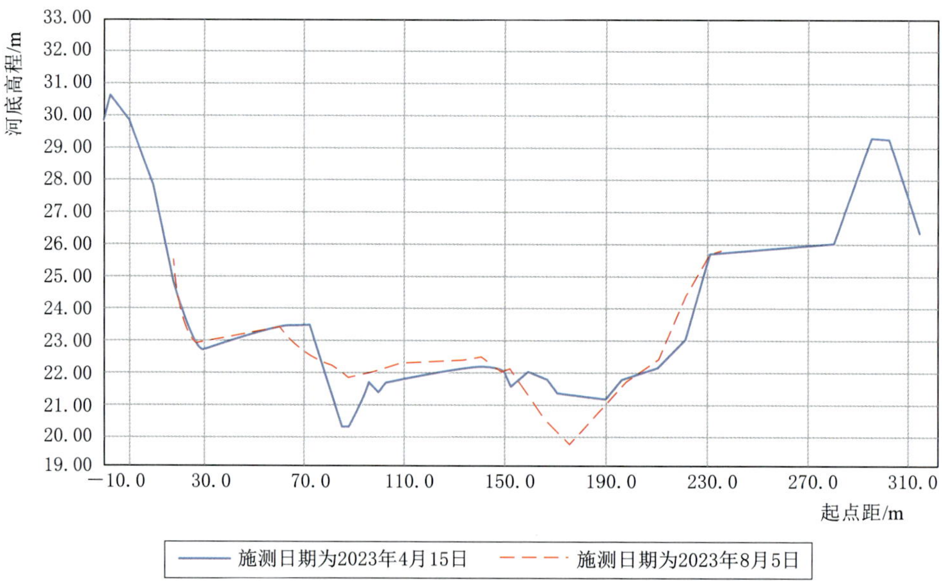

图 5.29　东茨村水文站实测大断面对比

受河床冲刷变化影响，东茨村水文站涨水段水位流量关系在同一水位级断面面积增大、流量增大，关系曲线整体向右偏移，退水段受淤积影响，流量减小，见图 5.30。

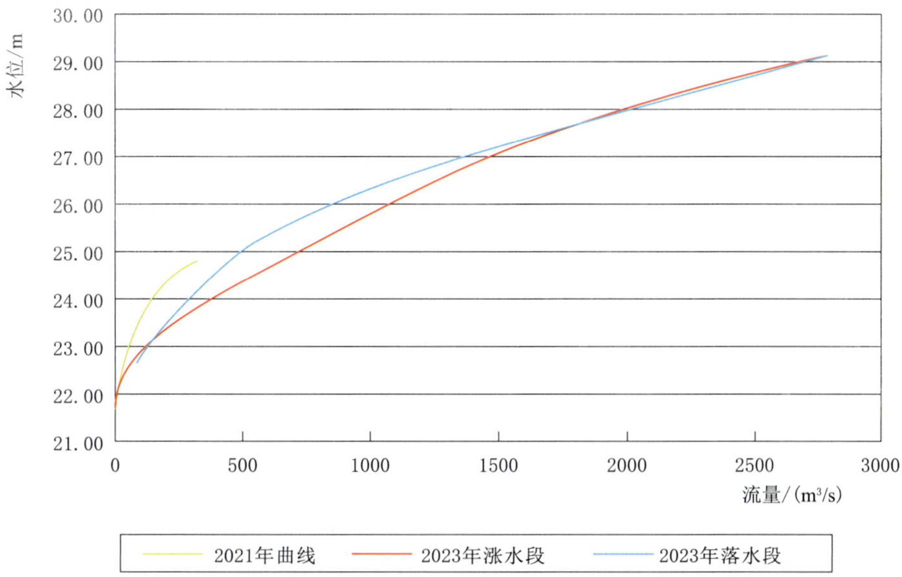

图 5.30 东茨村水文站涨水前后水位-流量关系曲线

(2) 紫荆关水文站。受洪水影响，拒马河河床断面冲刷变化较大，紫荆关水文站流量测验断面冲刷深度 1～2m。通过与“63·8”洪水水位-流量关系曲线对比分析，水位流量单一关系曲线变为绳套曲线，其中涨水段高水部分与退水段较“63·8”整体向右偏移，具体表现为相同水位下断面面积增大，流量明显增大，见图 5.31、图 5.32。

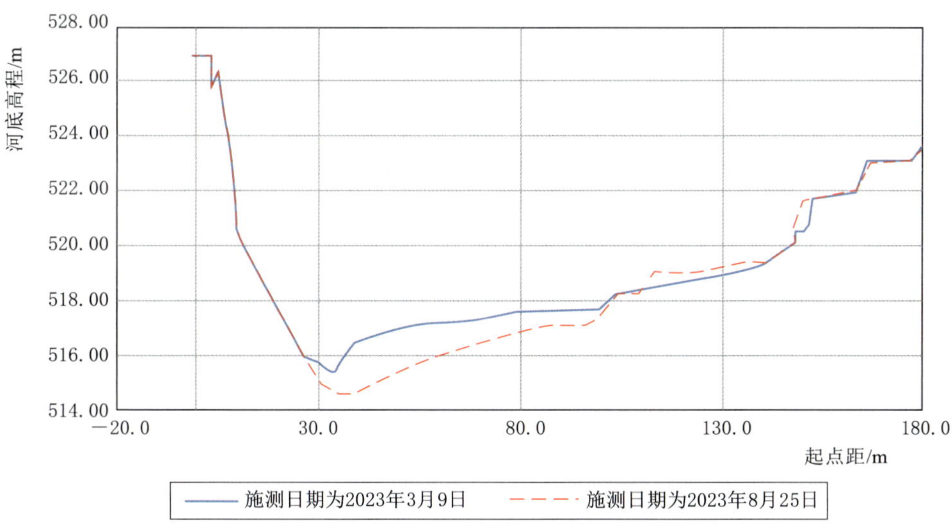

图 5.31 紫荆关水文站实测大断面对比

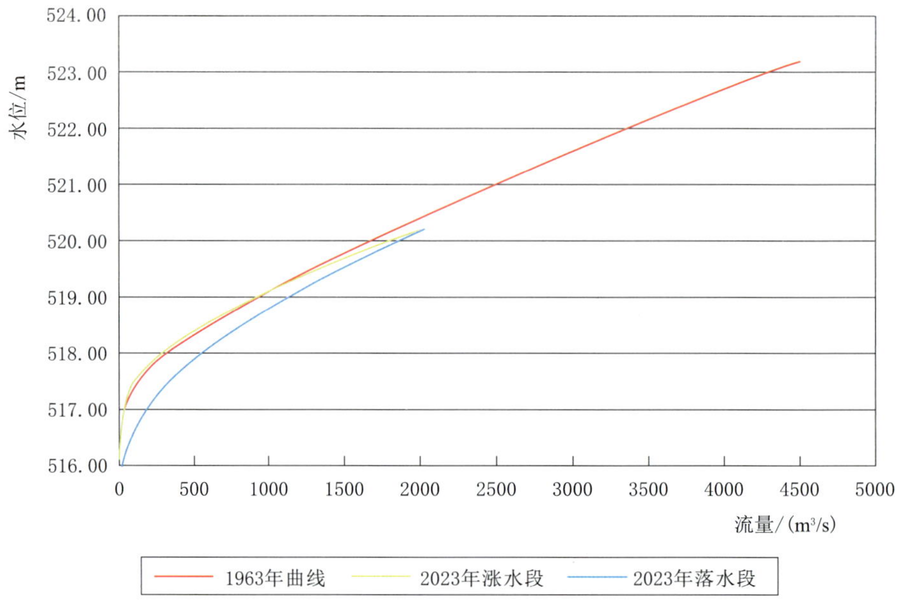

图 5.32　紫荆关水文站涨水前后水位-流量关系曲线

5.4　小结

（1）海河“23·7”洪水期间，各水文测站水位过程控制完整，流量过程控制良好，洪峰流量平均控制幅度在 90%以上。共施测流量 3195 站次，人工观测水位 33526 站次，抢测洪峰 359 场。

（2）海河“23·7”洪水发生前，海委第一时间启动流域水文应急监测联动机制，流域各水文部门及时开展水文应急测报，累计派出 80 余支水文应急监测队伍，出动 3000 余人次，布设临时应急监测断面 280 余处，广泛运用测流无人机、无人船等水文应急监测新装备，获取监测数据 7000 余条，有效填补水文站网监测空白，为洪水预报、调度决策和工程险情处置提供有力支撑。

（3）子牙河、大清河、永定河、北三河和漳卫河 5 个河系暴雨洪水资料整编包括 104 处水文（位）站、2919 处雨量站，形成 9297 站年成果，资料整编成果合理。

第 6 章

防洪“四预”措施

在海河“23·7”洪水防御过程中，基于雨水情监测预报“三道防线”，开展滚动实时预报，及时发布流域洪水预警，实施东淀、永定河泛区洪水预演，为防汛抗洪抢险提供了有力的决策支撑。本章围绕预报、预警、预演、预案（以下简称“四预”）工作，介绍洪水防御过程中防洪“四预”措施。

6.1 洪水预报

7月28日降水开始后，水利部信息中心、海委及北京、天津、河北、山西、河南等省（直辖市）水文部门及时组织联合会商，滚动研判分析洪水态势，提供北三河、永定河、大清河系等重要节点洪水预报分析成果5000余站次。8月2日降水结束后，实施“以测补报”，提高河道洪水演进精度；同时构建蓄滞洪区二维水动力学模型，采用卫星遥感、无人机监测、视频监视等“天空地”一体化监测手段，利用数字孪生技术，实时开展蓄滞洪区演进、河道行洪、工程险情等分析研判。从各河系主要控制站实际作业预报精度来看，随着过程的临近，精度逐渐提高，24h内总体预报精度达到了84％。

（1）北三河。北三河降水过程集中在7月30—31日，暴雨中心位于北运河中上游，面平均降水量为133mm。7月28日，最新气象预报显示强降水落区集中在北运河，海委经与水利部信息中心、北京市联合会商后预报北关枢纽8月1日将出现洪峰流量2700m^3/s。7月31日，气象预报调整强降水落区较之前偏西，经洪水预报滚动分析北关枢纽8月1日洪峰流量调整为1000m^3/s。8月1日，北关枢纽实际出现洪峰流量1140m^3/s。

（2）永定河。永定河降水过程集中在7月30—31日，暴雨中心位于永定河官厅水库至卢沟桥区间，洪水具有涨势猛、洪峰高的特点。7月26日，根据智能网格数值降水预报产品预测卢沟桥枢纽洪峰流量1500m^3/s；7月30日，经与水利部信息中心、北京市联合会商，研判永定河泛区将有启用的可能；7月31日，官厅山峡区间局地暴雨持续加大，导致大部分雨量站通信中断，在雨量数据缺失情况下，预报卢沟桥枢纽洪峰流量超2100m^3/s，7d洪量将超2.24亿m^3，提出永定河泛区将启用。后经调查，卢沟桥预报过程中受雨量数据缺失影响，预报洪峰流量较实际偏差大。

海河“23·7”暴雨期间，部分雨量站损毁或断联，降水分布情况掌握不全面，为此，利用北京市1部S波段雷达、9部X波段雷达，反演从7月29日8时至8月2日8时约96h的面降水量。与雨量站实测对比显示，雷达反演雨量和地面观测雨量有较好的一致性，如图6.1所示。

（3）大清河。大清河降水过程集中在7月30—31日，暴雨中心位于大清河北支拒马河，洪水具有峰高量大、持续时间长的特点。海委与水利部信息中心、北京市、河北省开展联合会商，通过预报分析提前研判了小清河蓄滞洪区、东淀及兰沟洼将启用。根据气象降水及实测雨量变化，7月31日滚动更新预报张坊水文站洪峰流量4500m^3/s，与河北省预报成果4620m^3/s较为一致；东茨村预报洪峰流量滚动调整至3200m^3/s，利用兰沟洼分洪应急监测，将新盖房预报从前期预报的3350m^3/s滚动调

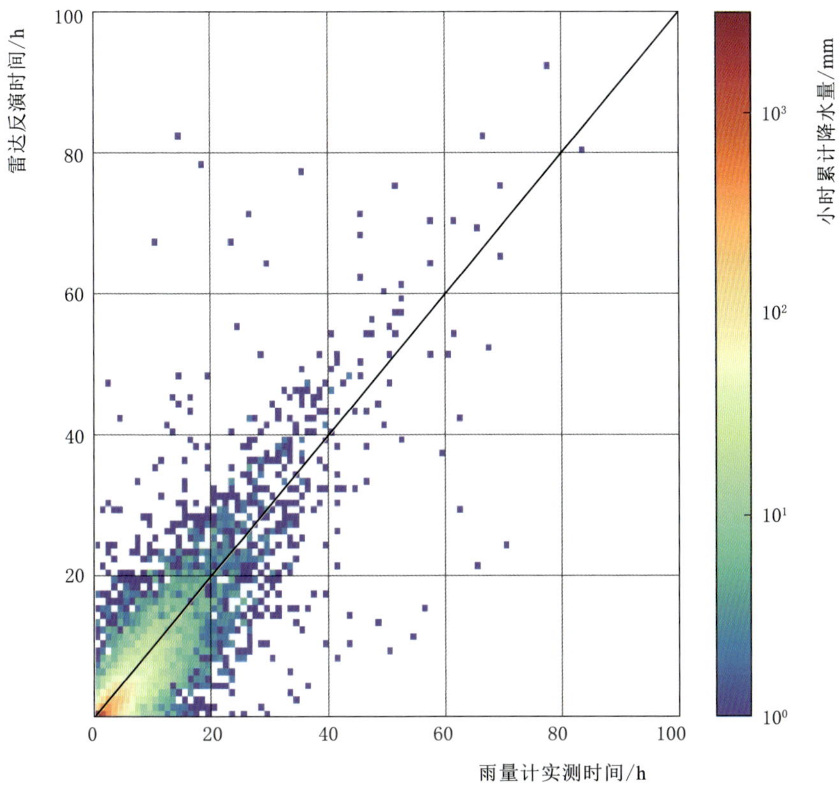

图 6.1 雷达反演结果和地面雨量计实测对比

整至 2800m^3/s。总体上看，部分站点洪峰流量误差超过 20%，主要站点洪量误差均控制在±10%以内。

（4）子牙河。子牙河降水过程集中在 7 月 28—29 日，暴雨中心位于岗南—黄壁庄水库区间和滏阳河上游，洪水具有洪峰高的特点。海委与河北省联合会商后，提前研判滏阳河大陆泽、宁晋泊蓄滞洪区将自然漫溢启用。7 月 28 日，海委提前 3d 预报滹沱河岗南水库入库洪峰流量为 2350m^3/s；至 7 月 30 日，河北省提前 1d 预报洪峰流量 2250m^3/s（7 月 31 日 11 时实际入库洪峰流量 2250m^3/s），入库洪水总量约 3.30 亿 m^3（实际洪水总量 3.28 亿 m^3），洪水总量误差率仅为 0.6%。海委提前 1d 预报黄壁庄水库入库洪峰流量 6000m^3/s（7 月 31 日 7 时入库洪峰流量 6250m^3/s）。

（5）漳卫河。漳卫河降水过程集中在 7 月 28—29 日，暴雨中心位于卫河合河以下至安阳区域、漳河侯壁、匡门口至蔡小庄区域，具有漳河洪水涨势猛、卫河洪水演进时间长的特点。7 月 27 日以来，海委逐日滚动开展漳卫河系主要控制站洪水预测预报。提前 2d 预报岳城水库 7 月 30 日入库洪峰流量 1200～1500m^3/s，7 月 30 日预报当晚出现入库洪峰流量 1000m^3/s 左右，预报情况与实际（7 月 30 日 22 时洪峰流量1000m³/s）情况基本一致，有力支撑了水库防洪调度运用。

6.2　洪水预警

海河“23·7”洪水期间，水利部信息中心、海委、北京、天津、河北、山西共发布洪水预警98次，其中包括蓝色预警40次、黄色预警30次、橙色预警19次、红色预警9次，见表6.1。

表6.1　海河流域洪水预警发布统计　单位：次

单　位	洪水预警				
	蓝色预警	黄色预警	橙色预警	红色预警	合计
水利部信息中心	3	4	2	0	9
海河水利委员会水文局	1	1	1	1	4
河北省水文勘测研究中心	32	22	11	5	70
山西省水文水资源勘测总站	1	1	0	0	2
北京市水文总站	1	0	3	1	5
天津市水文水资源管理中心	2	2	2	2	8
合　计	40	30	19	9	98

根据《全国主要江河洪水编号规定》，海委共发布3个洪水编号，涉及子牙河系、永定河系和大清河系3个河系。7月30日23时子牙河系滹沱河黄壁庄水库入库流量达到洪水编号标准，确定为“子牙河2023年第1号洪水”；7月31日11时永定河系三家店水文站和大清河系拒马河张坊水文站流量均达到洪水编号标准，分别确定为“永定河2023年第1号洪水”和“大清河2023年第1号洪水”。

海委共发布4次流域洪水预警。在暴雨洪水期间，海委坚持“预”字当先，根据洪水预报分别于7月29日15时发布海河流域洪水蓝色预警。7月30日8时、18时和8月1日16时升级发布海河流域洪水黄色预警、橙色预警、红色预警，提请相关河系沿岸单位及社会公众密切关注雨水情变化，加强安全防范，及时避险。

6.3　洪水预演

在海河“23·7”洪水过程中，根据预报成果和实际下垫面条件，构建二维水力学模型开展东淀、永定河泛区洪水预演。

(1) 东淀。东淀行洪运用期间，利用激光雷达、倾斜摄影等新技术测得的蓄滞洪区高精度下垫面数据，构建了蓄滞洪区二维水力学演进模型。持续 1 个多月滚动开展蓄滞洪区启用及演进数值模拟，较好地预测了全断面过流、全范围淹没、独流减河进洪闸洪峰流量、第六堡最高水位等洪水要素。东淀模型淹没演进全图见图 6.2，不同时间的淹没演进遥感影像和模型淹没演进见图 6.3～图 6.8。

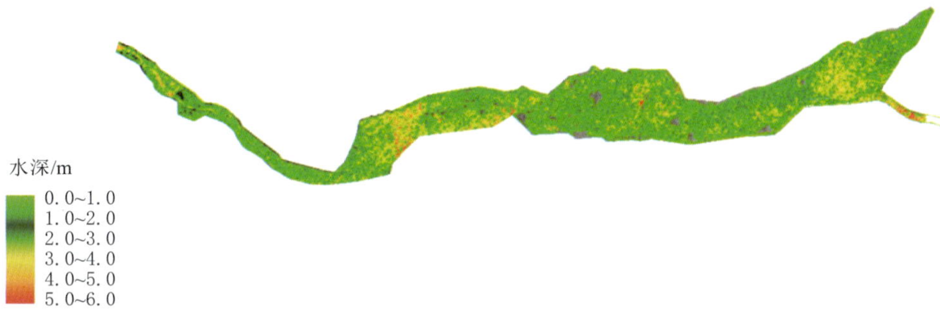

图 6.2　东淀模型淹没演进全图

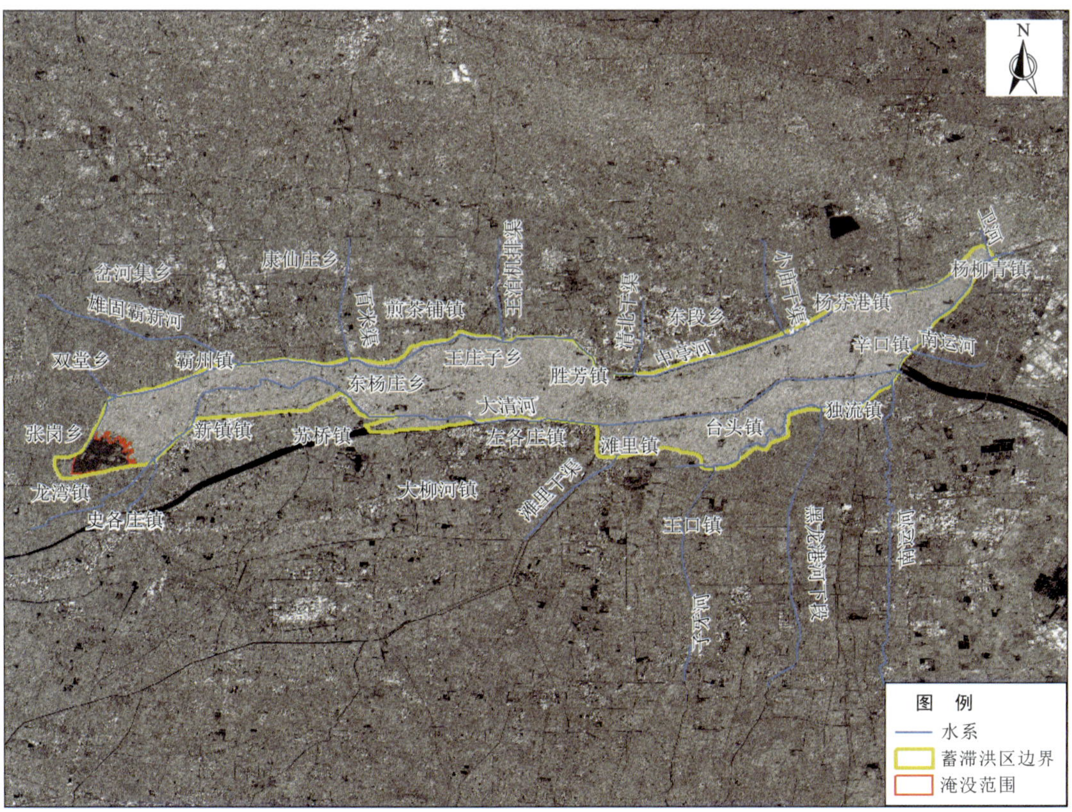

图 6.3　东淀淹没演进遥感影像（8 月 2 日 6 时 27 分）

图 6.4　东淀模型淹没演进（8 月 2 日 6 时）

图 6.5　东淀淹没演进遥感影像（8 月 3 日 17 时 24 分）

图 6.6　东淀模型淹没演进（8 月 3 日 17 时）

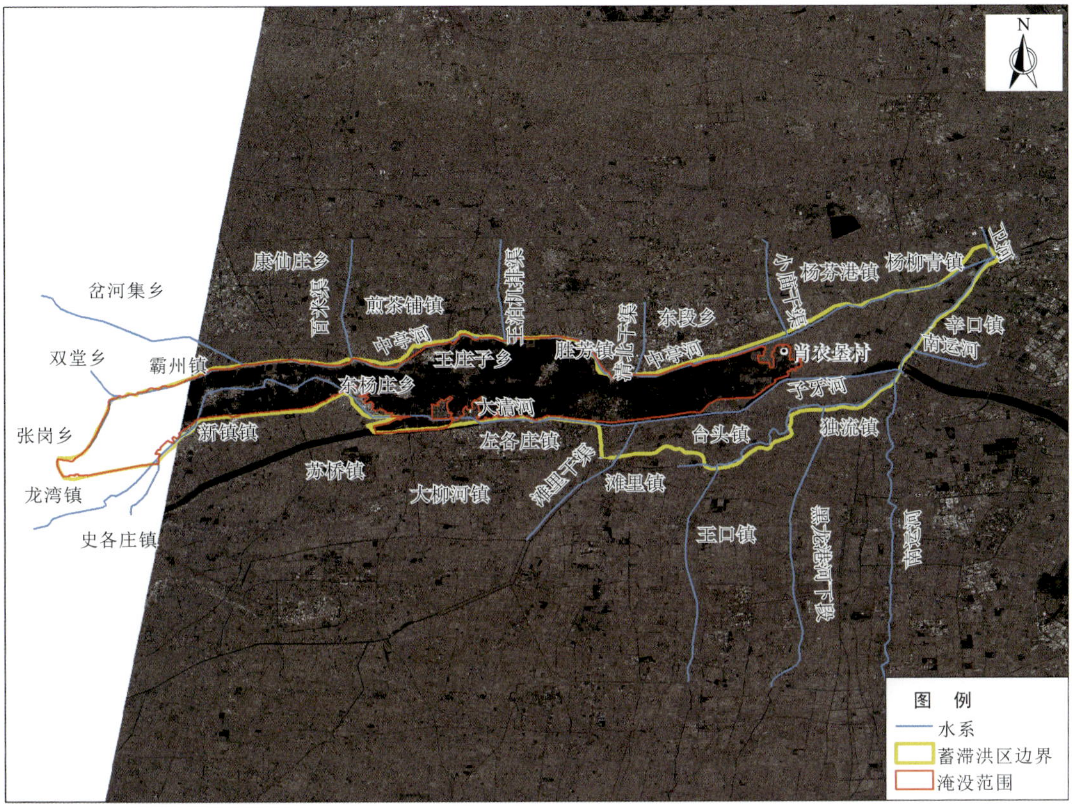

图 6.7　东淀淹没演进遥感影像（8 月 6 日 6 时 10 分）

图 6.8　东淀模型淹没演进（8 月 6 日 6 时）

根据预演分析成果，提前 20h 准确预报淀内洪水水头到达天津市境内时间（误差不到 1h）；提前 3d 精准预报大清河台头站最高水位 6.00～6.10m（实测 6.01m），预报独流减河进洪闸南北闸流量 1250～1300m^3/s（实测 1310m^3/s，预报精度 95%），有力支撑了“不启用东淀蓄滞洪区清南区域”的工作部署，为地方防汛抗洪抢险提供了决策支撑。

（2）永定河泛区。在永定河洪水防御期间，利用基于数字孪生技术的永定河防洪“四预”系统（图6.9），开展了永定河河道及永定河泛区洪水演进模拟，较好地预测了蓄滞洪区内水头位置、淹没水深，卢沟桥枢纽、永定新河进洪闸洪峰流量等洪水要素，分析村基、安全区等关键位置的淹没情况。永定河泛区不同时间的模型淹没演进见图6.10、图6.11。

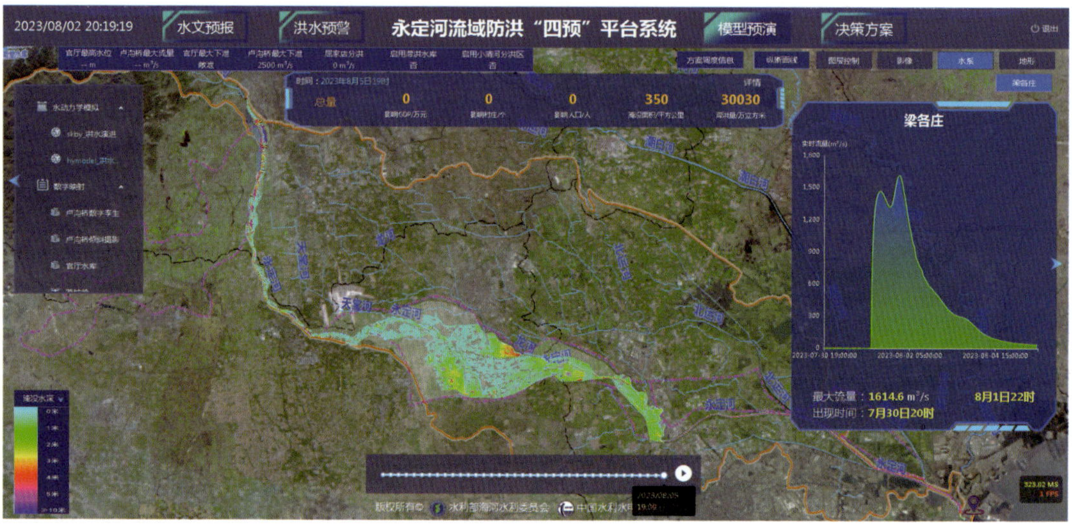

图6.9 永定河流域防洪“四预”平台系统

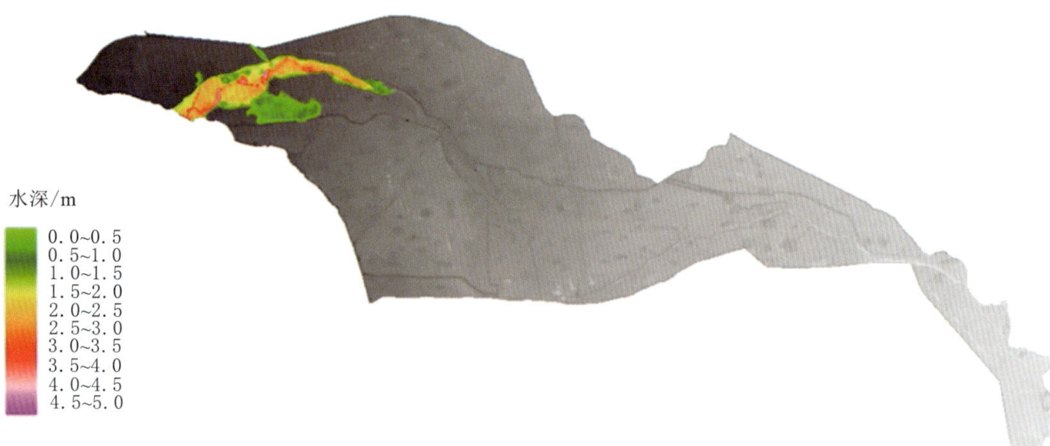

图6.10 永定河泛区模型淹没演进（8月2日6时）

根据预演分析成果，提前3d精准预报屈家店枢纽永定新河进洪闸洪峰流量250m³/s（实测253m³/s），提前9d准确预测永定河泛区将于8月22日基本完成退

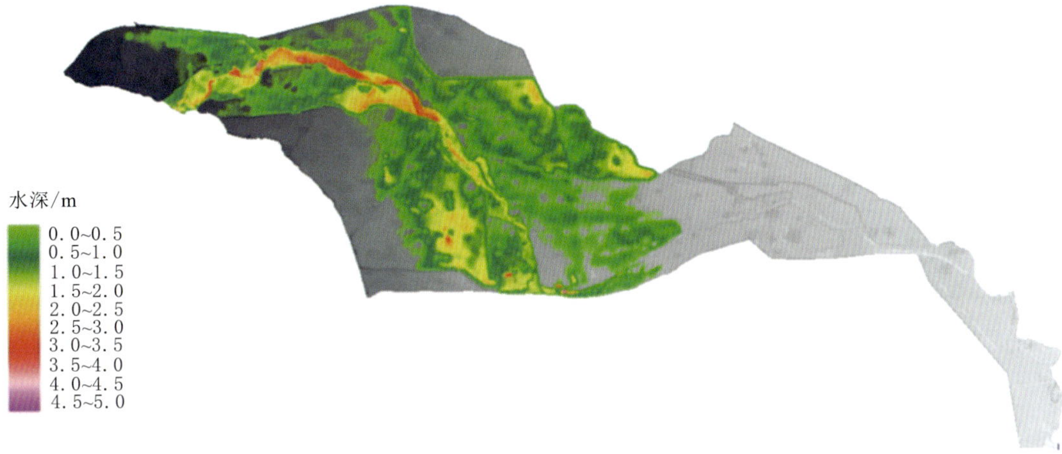

图 6.11 永定河泛区模型淹没演进（8 月 3 日 17 时）

水。预测成果及时报送水利部，并通报天津市水务局、河北省水利厅等，为防汛决策、蓄滞洪区居民返迁及运用补偿工作提供有力支撑。

6.4 防洪预案

7 月 25 日以来，海委始终绷紧“降雨-产流-汇流-演进”“流域-干流-支流-断面”“总量-洪峰-过程-调度”“技术-料物-队伍-组织”四个链条，紧盯洪水实际演进情况，滚动优化洪水预演成果，逐河系、逐区域、逐河段分析研判防汛风险隐患，锁定洪水威胁区域。按照“系统、科学、有序、安全”原则，制定并迭代更新海河流域重点河系、重要区域及关键节点工程洪水应对方案，组织相关省（直辖市）落实落细各项防御措施，牢牢把握防御主动权。一是逐库落实水库“三个责任人”，确保全部上岗到位，病险水库一律空库运行，对出现自然滞洪的病险水库，采取有效措施及时泄洪；非病险水库全部投入拦洪运用，提前撤离库区可能受淹没影响人员，加强巡坝查险，出现险情及时妥善处置。二是提前转移永定河等河道范围内人员，封堵堤防缺口，严加防守薄弱堤段，落实与响应级别相应的巡堤查险和抢险措施。三是根据洪水预演结果，提前研判确定需启用的蓄滞洪区，启用前完成所有人员转移，扎实做好围堤防守。

6.5 小结

（1）在海河“23·7”洪水防御过程中，强化了气象水文耦合，实施了滚动实时预报，进一步提高了精度，提前研判了永定河泛区、东淀、宁晋泊、大陆泽等多个蓄滞洪区的启用。基于洪水预报，及时发布了流域洪水预警。

（2）在海河“23·7”洪水防御过程中，探索了精细化预报模型的实战应用，根据预报成果和实际下垫面条件，构建二维水力学模型开展东淀、永定河泛区洪水预演。提前3d精准预报大清河台头站最高水位6.00～6.10m（实测最高水位6.01m），独流减河进洪闸流量1250～1300m^3/s（实测最大下泄流量1310m^3/s，预报精度95%），东淀蓄滞洪区大清河以南区域、贾口洼蓄滞洪区不启用，为流域防洪调度提供了决策支撑。

第7章 结语

受台风“杜苏芮”残余环流北上、地形抬升和副热带高压的共同影响，7月28日至8月1日，海河流域普降大到暴雨，发生了60年来最大流域性特大洪水。面对海河流域1963年以来最强降水过程和最大场次洪水的严峻形势，流域各级水文部门按照水利部、海委决策部署，遵循“降雨-产流-汇流-演进”水文产汇流规律，加强“流域-干流-支流-断面”水文监测预报，强化水文气象耦合，密切监视雨水情变化，及时实施“以测补报”，滚动更新预测预报，预警信息直达一线，动态模拟预演洪水演进情况和调度过程，数字赋能预报、预警、预演、预案能力，为洪水防御提供了有力支撑。

（1）海河流域发生60年来最大流域性特大洪水。2023年第5号台风“杜苏芮”于7月28日登陆福建晋江，登陆后强度逐渐减弱，其残余环流继续北上。受台风“杜苏芮”残余环流北上、地形抬升和副热带高压的共同影响，7月28日至8月1日，海河流域普降大到暴雨，局部降特大暴雨，暴雨中心主要位于流域太行山、燕山山前，大清河系拒马河、子牙河系滹沱河和滏阳河、永定河系官厅山峡区间。流域累计面平均降水量155.3mm，发生流域性特大洪水，洪水过程随降水过程移动自南向北出现，先后有22条河流发生超警以上洪水，7条河流发生超保洪水，8条河流发生有实测资料以来最大洪水。洪水过程具有多河系并发，洪水涨势猛、产汇流快，洪水量级大、峰值高等特点。

海河“23·7”暴雨总量494亿m^3，形成洪水总量102.33亿m^3。从各河系洪水组成来看，大清河系洪量42.01亿m^3，子牙河系洪量27.18亿m^3，分别占流域洪水总量的41.05%、26.56%。海河“23·7”洪水过程入海总水量62.67亿m^3，其中永定新河入海14.60亿m^3，海河干流及独流减河入海26.86亿m^3，子牙新河入海11.11亿m^3。

（2）水文为洪水防御工作提供关键决策依据。面对海河流域1963年以来最强降水过程和最大场次洪水的严峻形势，海委及流域各省（直辖市）坚持人民至上、生命至上，深入贯彻“两个坚持、三个转变”防灾减灾救灾理念，通过精准预报、精细调度、科学防控，确保了重要防洪对象安全。流域各级水文部门按照水利部、海委决策部署，遵循“降雨-产流-汇流-演进”水文产汇流规律，加强“流域-干流-支流-断面”水文监测预报，强化水文气象耦合，密切监视雨水情变化，及时实施“以测补报”，滚动更新预测预报，预警信息直达一线，动态模拟预演洪水演进情况和调度过程，数字赋能预报、预警、预演、预案能力，为洪水防御提供了有力支撑。

1）雨水情监测预报“三道防线”为科学防御洪水提供信息保障。海河“23·7”洪水期间，流域各级水文部门充分利用初步构建的雨水情监测预报“三道防线”，接入了19部天气雷达实时信息、4部水利测雨雷达数据，在“云中雨”阶段实现了关口前移、防线外推；5300余处雨量站提供了降水量、降水的空间分布和时程分布等信息；8400余处报汛水文站点提供了实时水位、流量等信息，实现洪水预报成果滚动更新、模型参数同步优化，为科学调度洪水提供决策依据。

2）水文应急监测为科学防御洪水提供基础支撑。在海河“23·7”洪水期间，流域各级水文部门及时启动水文应急测报响应，加强值班值守，做好车辆、人员、装备等各项应急监测准备。海委在永定河泛区运用和独流减河溯源冲刷等工作中应急监测30余d，北京在大石河漫水河站、拒马河张坊站等控制性水文测站开展应急监测工作10余d，天津在永定河、大清河、东淀蓄滞洪区等关键节点开展应急监测工作

20 余 d，河北在白洋淀入淀河流、白沟河、大清河、永定河泛区、东淀蓄滞洪区等重要区域和关键节点开展应急监测工作近 2 个月，山西在子牙河系松溪河开展应急监测工作 10d，抢测了大量珍贵水文数据，填补了水文站网监测空白，为预报调度、蓄滞洪区运用、抢险救灾等提供关键决策支持。

3）防洪“四预”措施为科学防御洪水提供关键决策依据。海河“23・7”洪水期间，海委及流域各省（直辖市）强化“四预”措施，加强水文气象融合，逐河、逐库、逐站开展精细化滚动预报，提前研判永定河泛区、东淀等多个蓄滞洪区的启用。利用激光雷达、倾斜摄影等技术采集的蓄滞洪区高精度下垫面数据，构建了二维水力学演进模型，滚动开展永定河泛区、东淀等蓄滞洪区启用及演进数值模拟，较好地预测了水头位置、淹没水深等洪水要素，为防汛指挥调度提供了关键决策依据。

4）流域协作联动是科学防御洪水的制胜法宝。流域各级水文部门强化水文协作联动，水利部、海委及北京、天津、河北、山西、河南等省（直辖市）水文部门累计联合会商 56 次，发布预报 5000 余站次。海委及时启动流域水文应急监测联动机制，黄委、河南水文部门跨越千里驰援河北，各省（直辖市）统筹调度人员设备，统一指挥、相互支援，及时共享监测信息，充分发挥流域水文整体合力，为科学防御洪水提供了有力保障。

（3）持续提升流域水旱灾害防御能力。按照水利部统一部署，坚持人民至上、生命至上，树牢底线思维、极限思维，补短板，强弱项，促提升，推进完善流域防洪工程体系及非工程措施建设，系统构筑海河流域水旱灾害防御新格局。

1）加快完善流域防洪工程体系。立足流域单元，依据“上蓄、中疏、下排、有效治洪”的原则，系统谋划流域防洪体系布局。大力推进防洪控制性工程建设，增强洪水调蓄能力。全面推进流域骨干河道治理和重要堤防达标建设，提升防洪排涝能力。按照“分得进、蓄得住、排得出、人安全”要求，加快蓄滞洪区围堤隔堤、进退洪控制工程和安全设施建设，切实维护分蓄洪功能。

2）加快构建雨水情监测预报“三道防线”建设。按照“应设尽设、应测尽测、应在线尽在线”原则，统筹结构、密度、功能，重点围绕流域防洪、水库调度实际需求，加快构建由气象卫星和测雨雷达、雨量站、水文站组成的雨水情监测预报“三道防线”，积极推进暴雨洪水集中来源区、山洪灾害易发区以及大型水库工程、重大引调水工程防洪影响区测雨雷达组网建设。加密雨量站、水文站，完善监测预报系统平台建设。针对“降雨-产流-汇流-演进”“流域-干流-支流-断面”，深入研究海河流域产汇流水文规律，加快水利专业模型的研发应用，切实提高短临、短期及中长期全时程全链条降水洪水预报能力，提高洪水预报预见期和精准度。强化流域水工程联合调度，加快推进防洪“四预”系统建设，实现流域洪水预报调度一体化。

3）持续提升水文测报现代化水平和能力。按照《海河流域现代化水文测站技术指南》提出的高标准建设要求，进一步提档升级测报设施设备，提高防洪测洪标准，加快推进流量、泥沙等在线监测设备应用，加大移动通信和北斗卫星通信双信道应用力度，不断提升水文测站的测报能力。配齐配强各级水文应急监测队技术装备，满足多河系多区域同步监测需要，有力支撑流域水安全保障，为流域经济社会高质量发展提供及时、准确、高效、全面的水文服务。

参 考 文 献

[1] 乔建华. 防御海河“23·7”流域性特大洪水经验启示 [J]. 中国水利，2023 (18)：9-12.

[2] 林祚顶，李兰涛. 海河“23·7”流域性特大暴雨洪水水文测报成效、存在问题及对策 [J]. 中国水利，2023 (18)：5-8.

[3] 姚文广. 抗御海河“23·7”流域性特大洪水的实践启示和检视思考 [J]. 中国水利，2023 (18)：1-4.

[4] 蔡阳. 数字赋能海河“23·7”流域性特大洪水防御 [J]. 中国水利，2023 (18)：13-18.

[5] 褚明华，穆杰，等. 海河“23·7”流域性特大洪水防御蓄滞洪区运用关键技术 [J]. 中国水利，2023 (18)：19-23.

[6] 余锡平，单楷越. 华北平原极端暴雨洪水事件共性机制探讨及对策建议 [J]. 中国水利，2023 (18)：24-28.

[7] GB/T 22482—2008 水文情报预报规范 [S]. 北京：中国标准出版社，2008.

[8] SL/T 247—2020 水文资料整编规范 [S]. 北京：中国水利水电出版社，2020.

[9] SL/T 460—2020 水文年鉴汇编刊印规范 [S]. 北京：中国水利水电出版社，2020.

[10] SL 196—2015 水文调查规范 [S]. 北京：中国水利水电出版社，2015.

[11] GB/T 50138—2010 水位观测标准 [S]. 北京：中国计划出版社，2010.

[12] GB 50179—2015 河流流量测验规范 [S]. 北京：中国计划出版社，2015.

[13] SL 58—2014 水文测量规范 [S]. 北京：中国水利水电出版社，2014.

[14] SL 196—2015 水文调查规范 [S]. 北京：中国水利水电出版社，2015.

[15] SL 21—2015 降水量观测规范 [S]. 北京：中国水利水电出版社，2015.

[16] SL 195—2015 水文巡测规范 [S]. 北京：中国水利水电出版社，2015.

[17] SL/T 784—2019 水文应急监测技术导则 [S]. 北京：中国水利水电出版社，2019.